eビジネス新書

No.435

東芝の末路

創業150年の名門

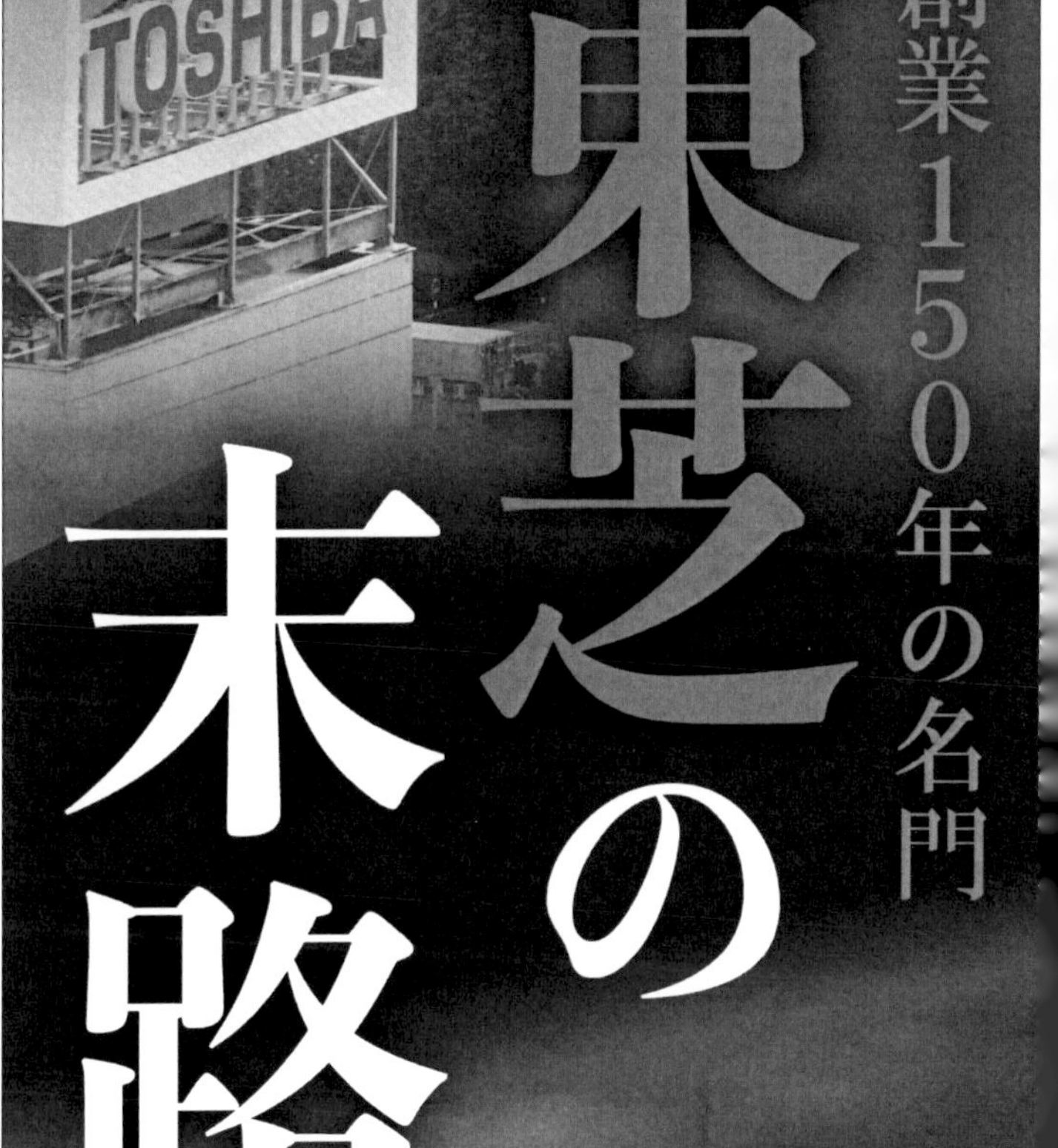

週刊東洋経済 eビジネス新書 No.435

東芝の末路

本書は、東洋経済新報社刊『週刊東洋経済』２０２２年8月27日号より抜粋、加筆修正のうえ制作しています。情報は底本編集当時のものです。（標準読了時間　９０分）

東芝の末路　目次

〔プロローグ〕群がるファンドに託す命運

非公開化へのカウントダウン

2022年7月末、東芝のあるベテラン社員はこうつぶやいた。「今日も朝から大量の資料作りで大忙しでしたよ」。

この社員が言う「資料」とは、東芝に株式の非公開化を提案しているファンドに対し、提出しなければならない説明資料のことだ。

現在、ファンドは東芝の企業価値を算定する「デューデリジェンス（投資対象の価値・リスク調査）」の真っ最中。東芝に大量の質問を投げかけ、いくらで東芝株を買うのが適切か品定めをしている。社員たちはこれに答えるために社内からデータをかき集め、対応に当たっているのだ。

東芝の時価総額は8月8日時点で約2・3兆円。ファンドによる非公開化が実現すれば、国内では過去最大級の案件となる。それほど大きな金額が動くだけに、ファンドの目もより厳しい。

この社員も「しばらくは本業ではない仕事に追われることになるでしょうね」と諦め顔。非公開化は東芝にとって非常事態なだけに、現場を巻き込んでの大騒動となっているのだ。

追い込まれた東芝

2022年から時計の針を戻すこと約1年半。英ファンドのCVCキャピタル・パートナーズ（以下、CVC）が、東芝を買収した後に非公開化するという提案をしたことで、東芝非公開化の動きが始まった。

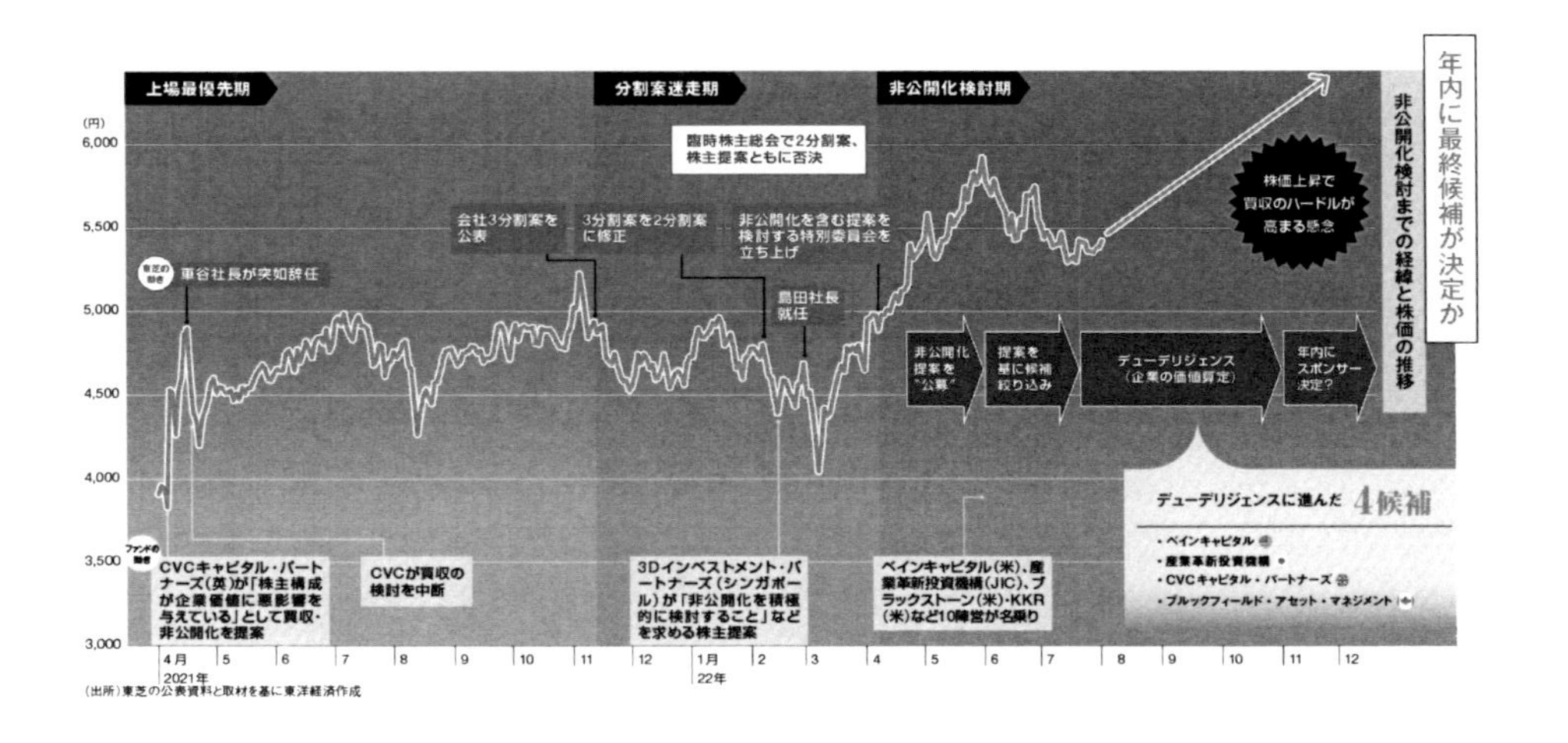
年内に最終候補が決定か
非公開化検討までの経緯と株価の推移
上場最優先期
分割案迷走期
非公開化検討期
(円)
6,000
5,500
5,000
4,500
4,000
3,500
3,000
東芝の動き
車谷社長が突如辞任
会社3分割案を公表
3分割案を2分割案に修正
臨時株主総会で2分割案、株主提案ともに否決
非公開化を含む提案を検討する特別委員会を立ち上げ
島田社長就任
株価上昇で買収のハードルが高まる懸念
非公開化提案を"公募"
提案を基に候補絞り込み
デューデリジェンス（企業の価値算定）
年内にスポンサー決定？
ファンドの動き
CVCキャピタル・パートナーズ(英)が「株主構成が企業価値に悪影響を与えている」として買収・非公開化を提案
CVCが買収の検討を中断
3Dインベストメント・パートナーズ（シンガポール）が「非公開化を積極的に検討すること」などを求める株主提案
ベインキャピタル(米)、産業革新投資機構(JIC)、ブラックストーン(米)・KKR(米)など10陣営が名乗り
デューデリジェンスに進んだ 4候補
・ベインキャピタル
・産業革新投資機構
・CVCキャピタル・パートナーズ
・ブルックフィールド・アセット・マネジメント
4月
2021年
5
6
7
8
9
10
11
12
1月
22年
2
3
4
5
6
7
8
9
10
11
12
(出所)東芝の公表資料と取材を基に東洋経済作成

東芝の株主にはアクティビスト（モノ言う株主）が多いため経営陣とたびたび対立、再建が前に進まなかった。そのため、非公開化によって株主との対立を解消し、事態の打開を図って再建を進める狙いがあった。

ＣＶＣの提案は頓挫したが、「パンドラの箱を開いた」（ファンド関係者）といわれている。これまで東芝の買収や非公開化など考えてもいなかったファンドたちが「買収できるんだ」と気づき、一斉に動き始めたからだ。

この頃の東芝のスタンスはあくまで上場維持。株主の同意を得ようと、半導体などのデバイス部門を独立させる「会社分割案」まで持ち出し、何とか上場にしがみつこうとしていた。

ところが、東芝は挫折する。２０２２年3月に開いた臨時株主総会で会社分割案が否決されてしまったためだ。本命案を否定された東芝は、改めて非公開化を含む選択肢を検討せざるをえない状況に追い込まれてしまった。

今回、東芝は再建策を検討するに当たり不透明感を排除するため、ファンドから提案を「公募」するという異例の手法をとった。欧米のM&A（合併・買収）では、買収意思がある企業すべてに提案の機会を与えるためによく用いられるが、日本での実例はほとんどない。

ふたを開けてみればファンドの関心は高く、約1カ月間で計10件の提案が集まった。10件のうち8件が非公開化の提案で、2件が上場を維持したうえで資本業務提携を結ぶというものだった。このうちデューデリジェンスに進んだのは4件。作業が終わり次第、最終的な提案を受け付け、パートナーを最終決定していく流れだ。

ただ、ここからは少し時間がかかりそう。デューデリジェンスの完了時期について前出のファンド関係者は、「事業内容の広さや規模を考えれば、最低でも2カ月はかかる」とみる。8月は休みが多く、ファンド側の動きも鈍る傾向があることから、「正式な提案に移るのは10月から11月。最終決定は年内というイメージ」（投資ファンド幹部）だという。

国内勢のＪＩＣが有利

もちろん、これはスムーズに事が進んだ場合の話。各ファンドの提案には一長一短があり、難航は必至だ。

現在候補に残っているのは産業革新投資機構（ＪＩＣ）、米ベインキャピタル、ＣＶＣ、カナダのブルックフィールド・アセット・マネジメントの4陣営で、国内勢が1、海外勢が3という構成だ。このうちブルックフィールドが唯一、東芝の上場維持を前提とした提案をしている。

■外為法のクリアが「勝敗」のカギに

—残った4候補とその特徴—

スポンサー候補	優劣	特徴
産業革新投資機構	◎	日本産業パートナーズと組んで参戦。外為法の観点から日本勢の参加は必須とみられ有利か。買収資金捻出のため、事業会社などと連合を組めるかが焦点
ベインキャピタル	○	買収資金は十分。キオクシアHDの過半株式を保有。筆頭株主エフィッシモが同社による非公開化への賛同を表明。日米安全保障条約があることから、欧州勢より有利か
CVCキャピタル・パートナーズ	○	2021年に、他のファンドに先駆けて非公開化を提案。外為法の観点から米国勢に比べるとやや不利とみられる
ブルックフィールド・アセット・マネジメント	△	唯一、上場を維持する計画を提案。海外でインフラ関連に数多く投資しており、投資先とのシナジーを狙う

(注)HDはホールディングスの略　(出所)取材を基に東洋経済作成

海外勢にとって悩ましいのは外国為替及び外国貿易法（外為法）の問題だ。2020年5月施行の改正外為法で、海外投資家による日本企業への出資に対する規制が強化された。東芝の事業には安全保障上重要な原子力事業や防衛関連事業が含まれており、海外投資家が一定以上の投資を行う場合には厳格な審査を受けなければならない。

米国勢であるベインについては、「日米安全保障条約があるから、ほかの海外勢に比べれば有利」（前出の投資ファンド幹部）といわれている。ただし、最終的に判断をするのは経済産業省だ。提案内容がよくても、〝お上〟から待ったがかかる可能性は十分にある。

外為法の観点でハードルがないのは、国内勢のJICのみ。だが、こちらには資金面の問題がある。官民ファンドであるJICの主たる目的は、ベンチャー企業への資金供給。出せるのは「数千億円」（前出のファンド関係者）にとどまるとされる。

時価総額2・3兆円の東芝の株を買い集めるには、金額を上乗せして3兆円近い資金が必要になる。追加出資や借り入れを活用する選択肢があるとはいえ、今のままでは不足感が否めない。

ＪＩＣは、同じく国内勢の日本産業パートナーズと組んで提案しているが、非公開化を主導するには、日本の事業会社などさらなる資金の出し手を見つけ出すことが必須といえる。

ブルックフィールドの上場維持プランはさらに難易度が高いとみられている。

ブルックフィールドは、インフラ分野への投資実績が豊富で、かつて東芝に多大な影響を及ぼした原子力事業の米ウエスチングハウスの再建も手がけたファンドだ。そのため、東芝が展開するビジネスとのシナジーも期待できる。

だからといって、株主たちの同意が得られるかといえば話は別。東芝の株価の推移を見ると、ＣＶＣの買収提案や非公開化検討のタイミングで大幅に上昇している。これはすでに株主たちが非公開化を織り込んでいることの表れ。そのため株主の代表ともいえるアクティビストたちが、上場維持の提案に応じるとは考えにくい。

「入札のバランスを取るためだけに、上場維持の提案も残したのでは」（前出の投資ファンド幹部）との見方がもっぱらだ。

組み替えもありえる

これらを総合すると、現在の4陣営の中からすんなりとスポンサーが決まるとは考えづらいとの見方が濃厚だ。となると、最終的な提案の前に、ファンド同士が連合を形成したり、パートナーを組み替えたりする可能性が出てくる。

そこで参考になるのが2018年の旧東芝メモリ（現キオクシアホールディングス）売却だ。その際にも技術流出が焦点となり、外為法の問題が浮上した。最終的に売却先となったのはベインが主導する日米韓連合だったが、会社の経営権を左右する議決権比率は日本勢が過半を握る形で落ち着いている。

東芝の非公開化においても、日本勢が議決権の過半を握り、そのほかのファンドから資金を集める形であれば、外為法と資金面、いずれの問題もクリアできる。その際、日本勢の代表として、「現在、名前が挙がっているＪＩＣは確実に絡むことになるだろう」（別のファンド関係者）という見方が強まっている。

そうした新たな連合ができる可能性を意識した動きをとるファンドもいる。米ＫＫ

Rだ。ＫＫＲは当初、１０件のスポンサー候補の1つとみられていたが、デューデリジェンスには進まず、非公開化を主導する立場での参加を見送っている。

理由は「価格が高すぎるから」（別のファンド関係者）だという。米国は金融引き締め政策に転じ、大幅な利上げを実施しているため、ファンドの資金調達環境はよくない。コストが高まる中で割高な投資をしても、思うようなリターンが得られないというわけだ。ただし、完全に撤退するわけではなく、「少額で連合に参加する機会をうかがっている」（同）とみられている。

ＫＫＲと同様、拠出する金額が小さければ連合に参加するというファンドが出てくる可能性は高い。非公開化に向けたカウントダウンは始まっているが、肝心のスポンサーの決定については、いまだ不透明感が漂っているのが現状だ。

事業切り売りの懸念も

もちろん、非公開化が実現すれば万事解決、とはいかない。今回、非公開化を主導するファンドたちは、それぞれ決められた運用期間内に投資を回収する必要がある。いわゆる出口戦略が求められるのだ。基本的には、企業価値を高めて東芝の再上場を狙うことになるだろう。

本来は東芝自身の成長を待ちたいところだが、ファンドが求める期間で成長できる保証はない。そうなったとき、最もスピード感がある出口戦略は事業の切り売りになりそうだ。

東芝の現在の事業構成は次図のとおりだ。赤字の企業や高値がつく事業はある程度整理されているが、この中からさらに売られる事業が出てきてもおかしくはない。

■約12万人の運命やいかに —東芝の主要事業と主要グループ会社—

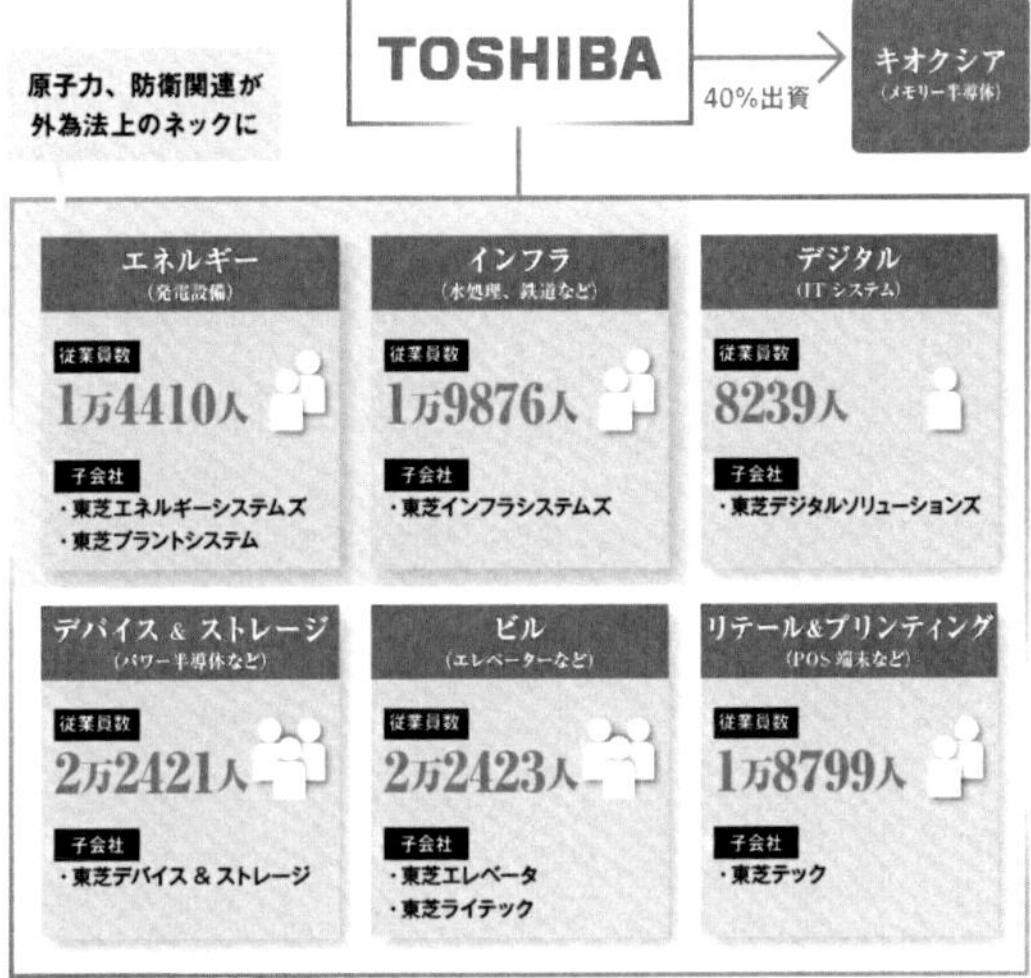

（出所）東芝の資料を基に東洋経済作成

「一定期間ごとの投資が必要で投資負担が重たいデバイス部門は、東芝から離れることになるのではないか」「インフラは安定していて、買い手となる競合もいる。売られやすいのではないか」。東芝社内からは、早くも自身の部門の将来を危惧する声が聞こえてくる。

そこで本誌では、東芝のガバナンス面にとどまらず、事業や従業員の現在と将来という視点から、東芝が今後たどるであろう〝末路〟について探っていくことにする。

（藤原宏成）

筆頭株主エフィッシモの狙い

会社分割案が3月24日の臨時株主総会で否決されてから、わずか1週間後。東芝の筆頭株主であるエフィッシモ・キャピタル・マネジメント（以下、エフィッシモ）が動いた。米ベインキャピタルが東芝に対してTOB（株式公開買い付け）を行う場合、保有する全株を応募すると公表したのだ。

TOB前に対象企業の筆頭株主を囲い込むのは常套手段。スポンサーを目指すベインにとっては有利な要素になるのは間違いない。ただ、ファンド関係者の間では「エフィッシモ側に別の狙いがある」との見方が広まっている。

■ **アクティビストの動きが活発化** ―東芝株を保有する主なアクティビスト―

ファンド名	保有比率	ほかの投資先	東芝に対する最近の動き
エフィッシモ	9.9%	リコー、川崎汽船、ヤマダHD、ニチイ学館など	ベインキャピタルが公開買い付けを行う場合、全株を応募すると公表
3Dインベストメント	7.2%	エイベックス、富士ソフト、APAMANなど	3月の臨時株主総会で、非公開化を含めた戦略の見直しを求めて株主提案
ファラロン	5.3%	アイリックコーポレーションなど	6月の定時株主総会を経て取締役を送り込む。ファラロン出身の取締役は2人に
エリオット	5%弱	ソフトバンクグループ、アルプスアルパイン、ユニゾHDなど	6月の定時株主総会を経て取締役を送り込む

(注)HDはホールディングスの略　(出所)取材や大量保有報告書を基に東洋経済作成

その狙いはなんと東芝の株式非公開化後の再出資。いったんＴＯＢに応募した後で株を買い戻し、再び株主になるのだ。エフィッシモは東芝が再上場などをする際に儲ける機会を得られ、ベインは投資額を抑えることができる。

実はエフィッシモは過去に同様の手法を用いたことがある。介護大手のニチイ学館に対しＴＯＢが行われた際、全株を応募し、終了後に再出資するという手法をとった。このとき、ＴＯＢを実施していたのはほかでもないベインだ。

この狙いが実現すれば、東芝には引き続きモノ言う株主からの圧力がかかりかねない。今のところ静かに見える筆頭株主の今後の動きには、注視が必要だ。

（藤原宏成）

株主大分裂で失った経営の舵

2022年3月25日午前。東芝グループ全社員の手元に一通のメールが届いた。タイトルは「昨日の臨時株主総会の結果について」。差出人は島田太郎社長本人だった。「今回の結果の大切なポイントは、われわれの株主の意見が大きく分かれていることが、株主自身にも明快にわかったことです」。メールの本文にはそう記されていた。島田社長の偽らざる思いだろう。

この一文には東芝の状況がよく表れている。経営陣はこれまで株主たちの意見に振り回されてきた。しかも、異なる立場の株主が異なる意見を持っていることから、経営の方向性がまったく定まらなくなってしまった。

現在、東芝は株式の非公開化を含めた戦略を検討している。その狙いも、「株主のせいで何も決まらないこの状況を解消するため」（ファンド関係者）との見方がもっぱらだ。

両議案否決の異常事態

そんな東芝の状況が最もわかりやすい形で表れたのが、冒頭の島田社長のメールにあった2022年3月の臨時株主総会だった。

この総会で提案された議案は2つ。1つは会社側が提案した会社2分割案。東芝本体はエネルギー・インフラ関連事業を持ち続ける一方で、機動的な設備投資が必要となる半導体などのデバイス関連事業を別会社とする案だ。分割によって経営判断の合理化・迅速化を目指すとしていた。

もう1つはアクティビスト（モノ言う株主）である3Dインベストメント・パートナーズ（シンガポール）による株主提案。非公開化やマイノリティー出資を積極的に検討し、そのプロセスの詳細を株主に説明することを求めるものだ。

簡単にいえば、分割か、非公開化か、会社の進むべき道はどちらかを株主に選んでもらう総会だった。

そして訪れた総会当日。まさかの結果が出た。どちらの議案も否決されてしまったのだ。これによって東芝は、2つの選択肢を同時に失うことになった。

単純に「アクティビストｖｓ．そのほかの株主」という構図であれば、どちらか優勢なほうの議案が可決されたはず。つまり、このときの株主の投票行動は3つのパターンに分かれていたと考えられる。

3月の臨時総会は株主の意見が割れて空回りに

―2022年3月の東芝臨時株主総会における議決件行使状況―

*は大株主

社名	会社2分割案（東芝提案）	非公開化も検討（株主提案）
日本生命*	賛成	反対
第一生命*	賛成	反対
明治安田生命	賛成	反対
住友生命	賛成	反対
三菱UFJ信託銀行	賛成	反対
野村AM	賛成	反対
大和AM	賛成	反対
日興AM	賛成	反対
ニッセイAM	賛成	反対
東京海上AM	賛成	反対
三井住友トラスト・AM	賛成	反対
三菱UFJ国際投信	賛成	反対
アセットマネジメントOne	反対	反対
ブラックロック*	反対	反対
カルパース	反対	反対
フィデリティ投信	反対	反対
モルガン・スタンレー・IM	反対	反対
ゴールドマン・サックス・AM	反対	賛成
ノルウェー政府年金基金	反対	賛成
エフィッシモ*	反対	賛成
ファラロン*	反対	賛成
3Dインベストメント*	反対	賛成
賛成率	**39.53%**	**44.60%**

（注）AMはアセットマネジメント、IMはインベストメント・マネジメントの略。大株主は東芝の有価証券報告書記載の大株主
（出所）各社開示資料や各種報道などを基に東洋経済作成

先の表は主要な機関投資家による臨時株主総会での議決権行使状況をまとめたものだ。これを見ても大きく3つの陣営に分かれたことがわかる。そして、それは投資家の属性によってきれいにすみ分けされた。

1つ目の陣営は国内機関投資家だ。多くが会社提案の分割案に賛成し、株主提案に反対した。分割案に賛成したのは、経営判断の合理化が進むという会社側の説明に納得したからのようだ。だが、ある国内機関投資家の運用担当者は、「声の大きな株主の対応に追われて経営陣が落ち着かない中、各事業で高度な判断を下せるのか疑問もあった」と本音を漏らす。

逆に株主提案は「非現実的だった」と、この担当者は振り返る。問題視したのは非公開化などのプロセスを株主にも説明せよとした部分。株主からすれば知りたい情報だが、東芝を買収しようとするスポンサーにしてみれば、情報が筒抜けになってしまう。「買収などの提案をかえって減らしてしまうリスクがあった」(同)と指摘する。要するに非公開化すること自体は否定していない。

2つ目の陣営はアクティビストたちだ。エフィッシモや米ファラロン・キャピタル・マネジメント（以下、ファラロン）、株主提案をした3Dなどが当てはまる。会社提案の分割案に反対し、非公開化の検討を促す株主提案に賛成した。

アクティビストたちは、分割案発表当初から反発を続けていた。その理由は単純明快。「非公開化のほうが株を高く買い取ってもらえるので儲かる」（前出のファンド関係者）からだ。

3つ目が2案両方に反対した陣営だ。2案ともに反対したある機関投資家は、「分割案は綱川智前社長の体制で決まった。3月に就任した島田新社長が分割に同意しているのか疑問があった」と話す。株主提案については「非公開化などが東芝の企業価値向上にどうつながるかの説明が不足していた」ことを理由に反対した。

この3月の臨時株主総会の結果を見た金融関係者は、「今後の注目は大株主の米ブラックロックだ」と言う。東芝株の保有比率は5・21％。今回のように、国内機関投資家とアクティビストで意見が割れる展開になった際、「過半数で賛否の決まる議案だと、キャスティングボートを握る可能性がある」とみる。

ブラックロックといえば、長期的な企業価値の向上をとくに重視する投資家だ。アクティビストの対極にある一方で、「モノ言わぬ株主」が多い国内機関投資家とも若干距離を置く。

株主構成が大きく変化

会社の将来を左右する重要な議案であるほど、異なる立場・意見の株主が衝突する。東芝の株主構成がこのようになってしまったのは、これまでの経営陣が目先の損得に目がくらんできた結果だ。

海外ファンド勢が決定権を握る構図が続く
―東芝の株主構成比率の推移―

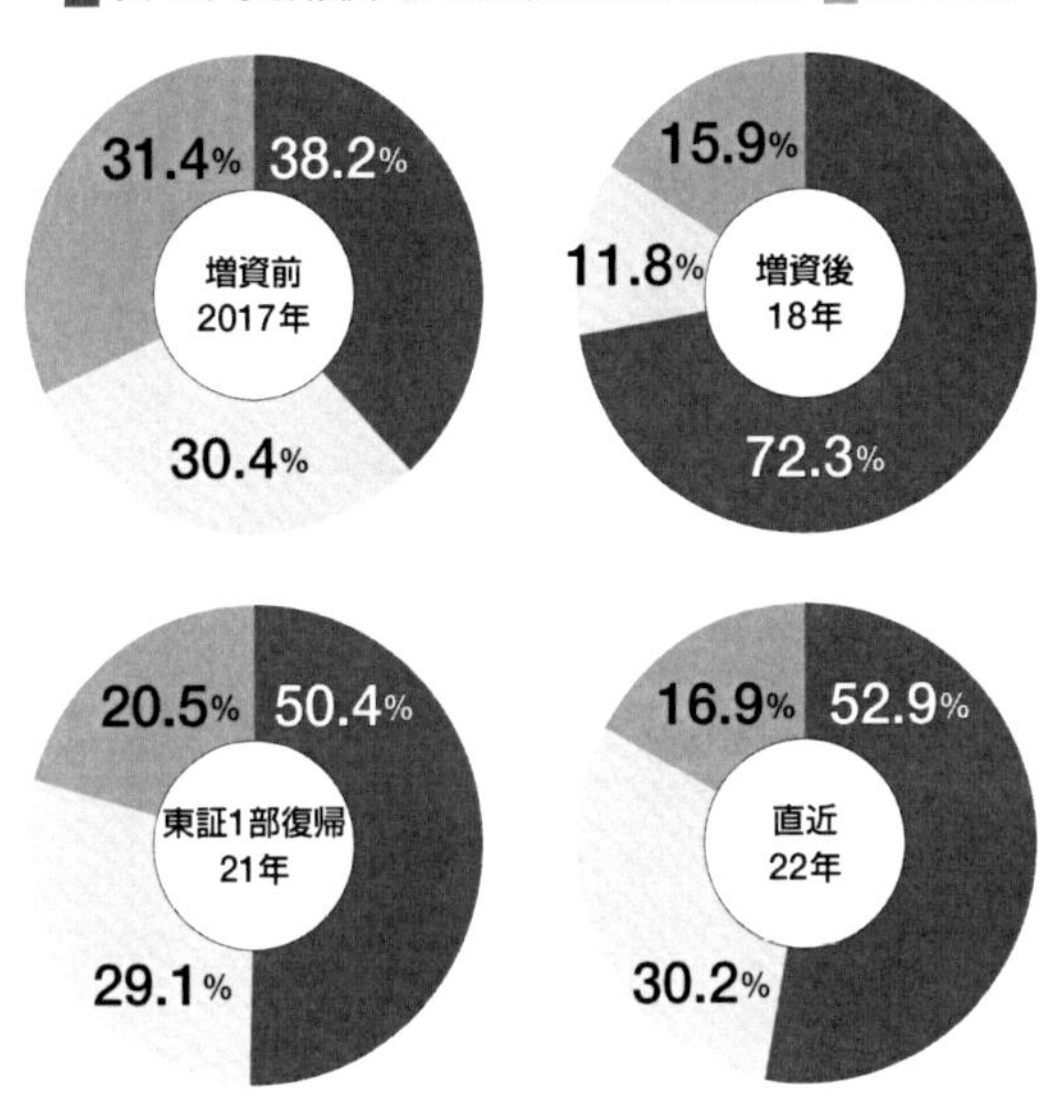

(注)各年3月末時点　(出所)東芝の有価証券報告書を基に東洋経済作成

前図は東芝の株主構成の変遷を示したものだ。株主を「ファンドなど外国人」「金融機関を含めた国内法人」「個人その他」の3つに分けて比率を出し、株主構成に変化が起きた時点を掲載している。

2017年時点の東芝の株主構成はきれいな3等分だった。国内外、個人法人を問わず、バランスのよい構成といえる。国内法人や個人を長期目線の安定的な投資家と仮定すると、長期的な経営戦略も受け入れられやすい構成だ。

この構成が崩れたのが17年12月。2期連続の債務超過を回避しようと6000億円もの増資を行った。これによりファンドなど外国人が7割を超えてしまった。同時にアクティビストも招き入れてしまった。

その後、2021年1月に東証2部市場から1部に復帰したことで、東芝株を投資対象に組み込む機関投資家が増えた。この1部復帰で国内法人の比率が一気に増加。外国人の比率は50%程度まで下がった。

直近の22年3月末時点では再び外国人の保有比率が高まってきている。これはおそらく、非公開化を含む選択肢を検討し始めたからだろう。非公開化に伴い高値で株を買い取ってくれると見込んだヘッジファンドなどの目ざとい投資家が、儲けの機会をうかがっているわけだ。

これだけ急激に株主構成が変化する中で、その時々の株主たちに納得してもらえる経営戦略を考えようとすれば、経営陣が迷走するのも仕方のないことに思える。本来は、長期目線の株主を増やして、中長期の戦略を練りたいところだろう。

完全に手詰まり状態

ところが、現在東芝の株を保有しているアクティビストたちは、確実に収益を得るまで去ることはない。さらに彼らが東芝に圧力をかけ続ける限り、ほかのファンドも収益機会を狙って舞い戻ってくる。

結局、安定した株主はいつまでも増えない。特定の株主の納得を得られる戦略を打ち出しても、3月の臨時株主総会のように否決されてしまう。

完全に手詰まりのこの状況を解消するには、株主を一度リセットするほかない。その方法として浮上したのが、「みんなが最低限納得できるリターンを得られる選択肢」（前出のファンド関係者）である非公開化なのだ。そう考えれば、これまでかたくなに上場維持にこだわってきた東芝が、臨時株主総会を経て非公開化を前向きに検討し始めたことにも納得がいく。

冒頭で記した島田社長のメッセージには続きがある。「東芝は特定の株主の意見だけに左右されずに、その戦略を設定すべきであります」という一文だ。ただ、これまでの経営陣にはそれができなかった。島田社長はこの複雑な問いの「解」を見つけることができるのだろうか。

（藤原宏成）

6000億円増資の代償

わずか半年で1000億円――。2017年12月に東芝が行った6000億円増資を引き受けたあるファンドは、多額の利益を手にした。

この増資について金融関係者たちは、「東芝最大の失敗だ」と口をそろえる。それは、東芝にもたらされた弊害があまりに大きかったからにほかならない。

当時の東芝は2年連続の債務超過による上場廃止の危機にさらされていた。債務超過解消の施策として、メモリー半導体事業の売却を試みたが、独占禁止法の審査に時間がかかり、決算期末に間に合わないことが濃厚となっていた。

そこで打ち出されたのが6000億円増資だ。当時予想されていた債務超過額は7500億円。増資をすれば、その大半をカバーできる。これに税負担の軽減や米原発子会社・ウエスチングハウス関連の資産譲渡を組み合わせて、債務超過を解消するもくろみだった。

◤ その場しのぎの増資が大問題に
―債務超過解消の計画と実績―

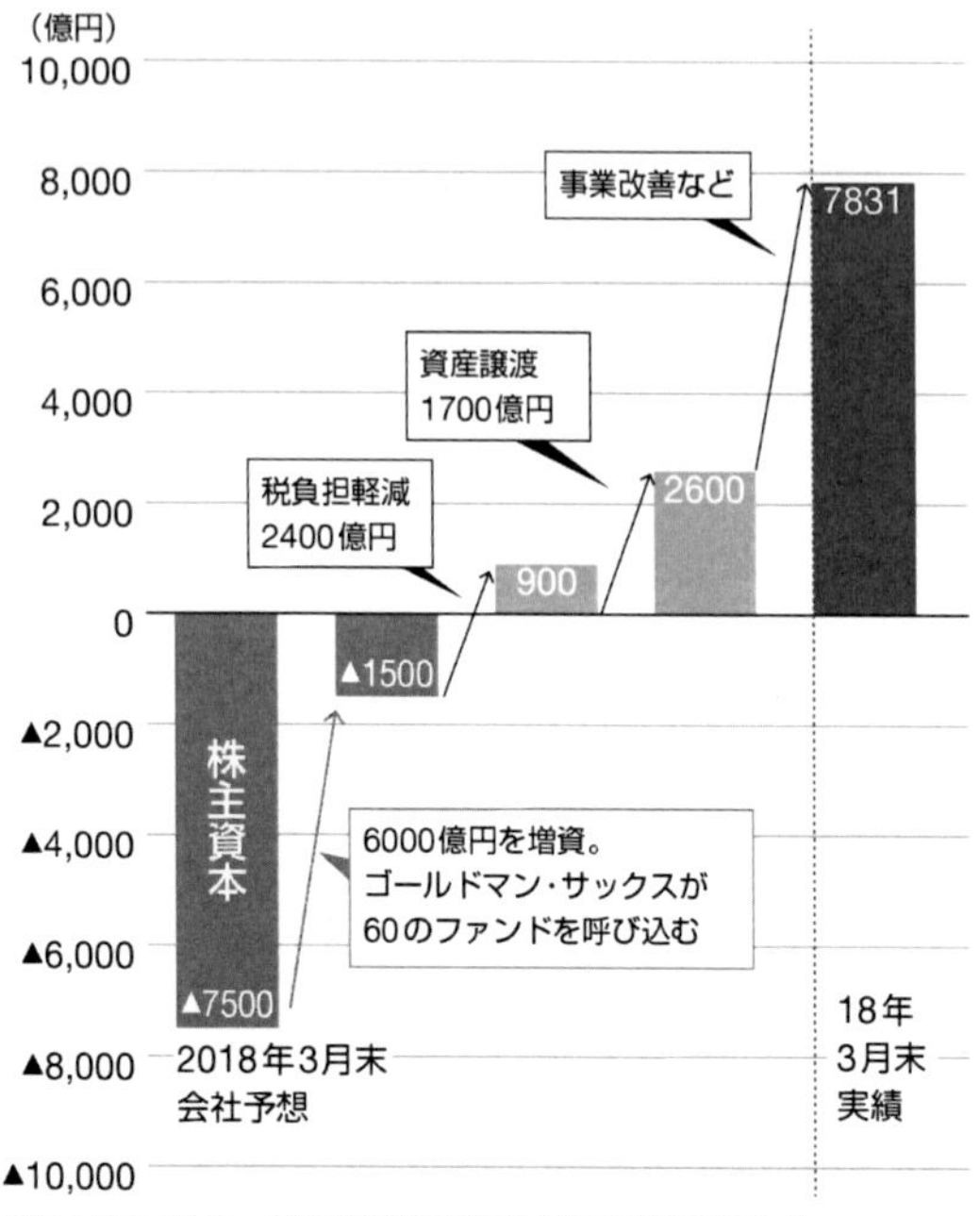

(注)▲はマイナス　(出所)東芝の資料を基に東洋経済作成

ここでひときわ目立つ活躍をしたのが、主幹事を務めた米ゴールドマン・サックス（ＧＳ）だった。限られた時間で６０００億円もの大金を集めてみせたのだ。日系の証券会社は、「海外投資家に強いＧＳだから実現できた。僕らには到底まねできない」と舌を巻いた。

格好の的になった東芝

ところが、ここに落とし穴があった。ＧＳが連れてきたのは６０もの海外ファンドたち。その中には、大量のアクティビスト（モノ言う株主）たちが含まれていたのだ。エフィッシモ（シンガポール）や３Ｄインベストメント・パートナーズ（同）など、現在も東芝株を保有する面々は当然名を連ねている。

そのほかにも、ソニーグループに半導体事業の分離・独立を求めた米サード・ポイント、西武ホールディングスとの対立で知られる米サーベラス・キャピタル・マネジメント、アルプスアルパインの経営統合で攻防を繰り広げた香港のオアシス・マネジメントなど、日本でも有名なこわもてファンドたちが顔をそろえた。

案の定、東芝は彼らの圧力に屈した。増資の半年後には７０００億円の自社株買いを実施することになる。

というのも、東芝は一転、キャッシュリッチになっていたからだ。繰延税金資産の計上や映像事業の売却、メモリー事業の業績改善で2018年3月末の株主資本は7800億円を超えた。それに加えて、メモリー事業の売却益が約1兆円も入ってきたのだ。

キャッシュはモノ言う株主にとって格好の的。ここぞとばかりに株主還元を求められ、東芝は応じざるをえなくなった。これが冒頭の利益を生んだ理由で、多くのファンドは多額のリターンを手にした後、去っていった。

ただ、株を保有し続けたファンドもある。「売り時を逃した」ともいえるが、だからこそ「簡単には引き下がることができず、是が非でも利益を取りにくる」とみられている。彼らにとっては、確実にプレミアムを受け取ることができる株式の非公開化はさぞ魅力的に映るだろう。

東芝の経営が混乱を続け、非公開化に向かうことになった背景には、こうしたファンド株主たちの思惑もある。そのきっかけをつくった増資はやはり「最大の失敗」だったといえそうだ。

（藤原宏成）

同床異夢が続く取締役会

東芝にとって6月は2022年も「波乱の月」だった。6月28日に開催された定時株主総会。そこで諮られた社外取締役の選任議案をめぐって、取締役会の中から反対の声が噴出したのだ。

意見を発したのは社外取締役の綿引万里子氏。名古屋高等裁判所長官を務めた経歴を持つ法律の専門家だ。焦点となったのは、東芝の大株主であるファンドの出身の社外取締役候補者2人。米ファラロンの今井英次郎氏と、米エリオット・マネジメントのナビール・バンジー氏だった。

この2人を社外取締役の候補とする案に綿引氏が反対したことは、総会の招集通知に記された。異例の展開に会社側は、「13名の取締役候補者全員を提案・推奨している」というスタンスを貫く。指名委員会委員長のレイモンド・ゼイジ氏が「2人は候補者として適格」と説明したり、綱川智前社長が取締役会議長としての声明文で「綿引氏の意見は個人的な見解」と切り捨てたりと、取締役会内の対立構造が浮き彫りになった。

ファンド推薦の2人、異議を唱えた綿引氏、さらには指名委員長のゼイジ氏、計4人への賛否に注目が集まったが、総会では全員が社外取締役として選任された。ところがこれで無事船出とはいかなかった。綿引氏が総会直後に「取締役会が一体となって進むためには自身が退任することが望ましい」と辞任したからだ。

取締役会議長の再任が否決されるなど大荒れだった2021年に続き、2年連続で後味の悪さが残る定時総会となってしまった。

東芝を去った綿引氏は、ファンド出身者2人を取締役に迎えることの問題点を2つ指摘していた。それは新体制発足後も東芝の取締役会でくすぶり続けている。

綿引氏の2つの指摘

１つ目の問題は取締役会メンバーの構成だ。総会で綿引氏は「多様性・公平性・バランスのよさが満たされているように見えるか。見え方の問題として若干問題がある」と述べた。要するに、ファンド側に意見が偏っているように見えかねないという指摘だ。

東芝は２０１９年の株主総会で米キングストリート・キャピタル・マネジメントからの要請を経て４人の外国籍取締役を選任した。ここに今回新任の２人が加わったことで、選任過程にファンドが絡んだ人物は取締役会メンバーの半数になった。しかもゼイジ氏だけだったファラロン出身者は２人に増えた。

取締役会の構成をめぐって混乱

—東芝の2022年6月総会の議決権行使結果—

取締役候補者	賛成	反対	
島田太郎社長CEO	86.03%	1.21%	
柳瀬悟郎副社長COO	99.35%	0.62%	
渡辺章博（社外）	98.44%	1.53%	
橋本勝則（社外）	93.75%	6.16%	
宇澤亜弓（社外）	99.28%	0.63%	
望月幹夫（社外）	99.29%	0.62%	
ワイズマン・廣田・綾子（社外）	98.87%	1.10%	2019年にキングストリートの要請で就任
ジェリー・ブラック（社外）	98.70%	1.26%	
ポール・ブロフ（社外）	98.64%	1.33%	
レイモンド・ゼイジ（社外）	78.42%	21.54%	ファラロン出身
今井英次郎（社外）	77.67%	22.30%	ファラロン出身
ナビール・バンジー（社外）	78.00%	21.97%	エリオット出身
綿引万里子（社外）	64.03%	23.02%	総会直後に辞任

ファンド関与の人物が半数を占める体制に

（注）青色はファンドが選任に関与　（出所）東芝の資料を基に東洋経済作成

もちろん、ファンドの要請を受けて就任したからといって、ファンド寄りの考え方を持っているとはいえない。しかし、ファンド寄りの方向に議論が進むのではないか、ファラロンの意向が強く反映されるのではないか、という疑念は現在の取締役会メンバーである限り払拭されないだろう。

もう1つの問題は、新任の2人を受け入れるに当たり、ファラロンやエリオットと交わした「取締役候補指名にかかる合意書」にある。

この合意書は秘密保持やほかの株主との利益相反防止のために交わされた。しかし、その内容が不十分だというのだ。合意書では、ファラロンなど出身ファンドとの間で「非開示情報」を共有できるようになっている。使用目的は限定され、共有できる情報も限られた範囲とされているが、ほかの株主は入手できない情報だ。株主間の公平性が損なわれるおそれはある。

利益相反のリスクもある。ポイントは、現在選択肢の1つとして東芝が検討している株式の非公開化だ。綿引氏が「ロールオーバー」と表現した、非公開化後の再出資が争点となる。

多くの株主が非公開化に当たって株を手放す反面、再度出資した株主は非公開化を主導したファンド株主と同様に、再上場などの際に儲ける機会を得る。

合意書ではロールオーバーを〝原則〟禁止するとしている。しかし東芝の取締役会や、非公開化を含め今後の選択肢を検討する特別委員会が推奨すれば、ファラロンやエリオットもロールオーバーが可能になっている。

2人の候補者が総会で取締役に選任された場合、非公開化などの選択肢を検討する特別委員会のメンバーに任命されるとも合意書には記され、実際に特別委員会の委員になった。つまり、ロールオーバーの推奨に対して意見ができる可能性を残している。

この合意書を綿引氏は「不平等条約」と呼んだ。今後、非公開化が進んでいく中で、こうしたリスクが浮き彫りになっても不思議はない。

狙いはゼイジ外し?

一方、あるファンド幹部は今回の綿引氏の動きについて「別の狙いがあったのではないか」とみている。「綿引氏が本当に問題視していたのはゼイジ氏ではないか」というのだ。というのも綿引氏の行動に矛盾があるからだ。

綿引氏は後で反対するにもかかわらず、ファンドから推薦を受ける前の段階で、各候補者と面談していた。実際、新任の今井氏に「(取締役会に)お入りになったらどうか?というお話はした」と、綿引氏自身が総会前の記者会見で明かしている。「やはりファラロン2人はまずいという思いはあり、お伝えしたつもり」だとも述べた。

ゼイジ氏についても言及している。「バランスを欠く構成にならないよう交代を考えることができないのか、指摘はした」そうだ。

ゼイジ氏には取締役としての資質を疑われるような行動があった。東芝経営陣の提案する会社分割案を諮った3月の臨時株主総会の直前。3Dインベストメント・パートナーズ(シンガポール)は非公開化の検討を求める株主提案をした。その提案にゼイジ氏はツイッター上で個人的に「賛成」を表明したのだ。取締役会が全会一致で決めた「反対」とは正反対の意見を発信したことになる。

この行為について綿引氏は監査委員との連名で意見を表明。「善管注意義務に反することまではいえない」としつつも、「ガバナンス不全につながりかねない」と指摘している。こうした一連の動きを総合すると、「今井氏を迎えてゼイジ氏が外れるのがいちばんきれいな形に見える」（前出のファンド幹部）というわけだ。

結果的に綿引氏の指摘は株主に受け入れられなかった。むしろ総会で最も賛成率が低かったのは綿引氏であった。さまざまな思惑が渦巻く、東芝の取締役会。正しく経営の舵取りをしていけるのだろうか。

（藤原宏成）

非公開化は「おいしい投資」

東芝が株式の非公開化を含む「企業価値向上に向けた戦略的選択肢」に関する提案の募集を発表すると、ファンドたちは次々にスポンサーとして名乗りを上げた。

寄せられた10件の提案のうち、8件が非公開化を目指すものだった。ファンドの提案が非公開化に偏ったのは、それだけ投資妙味があるという証左でもある。

東芝の非公開化でファンドたちはどのように儲けようと算段を立てているのか。それを読み解くカギは、錬金術とも呼ばれる「LBO（レバレッジドバイアウト）」にある。

LBOは、PE（プライベートエクイティー）ファンドが頻繁に用いる企業買収手法の1つ。買収先企業の資産を担保に資金を調達して、企業を買収することを指す。

その儲けのからくりを示したのが次図だ。

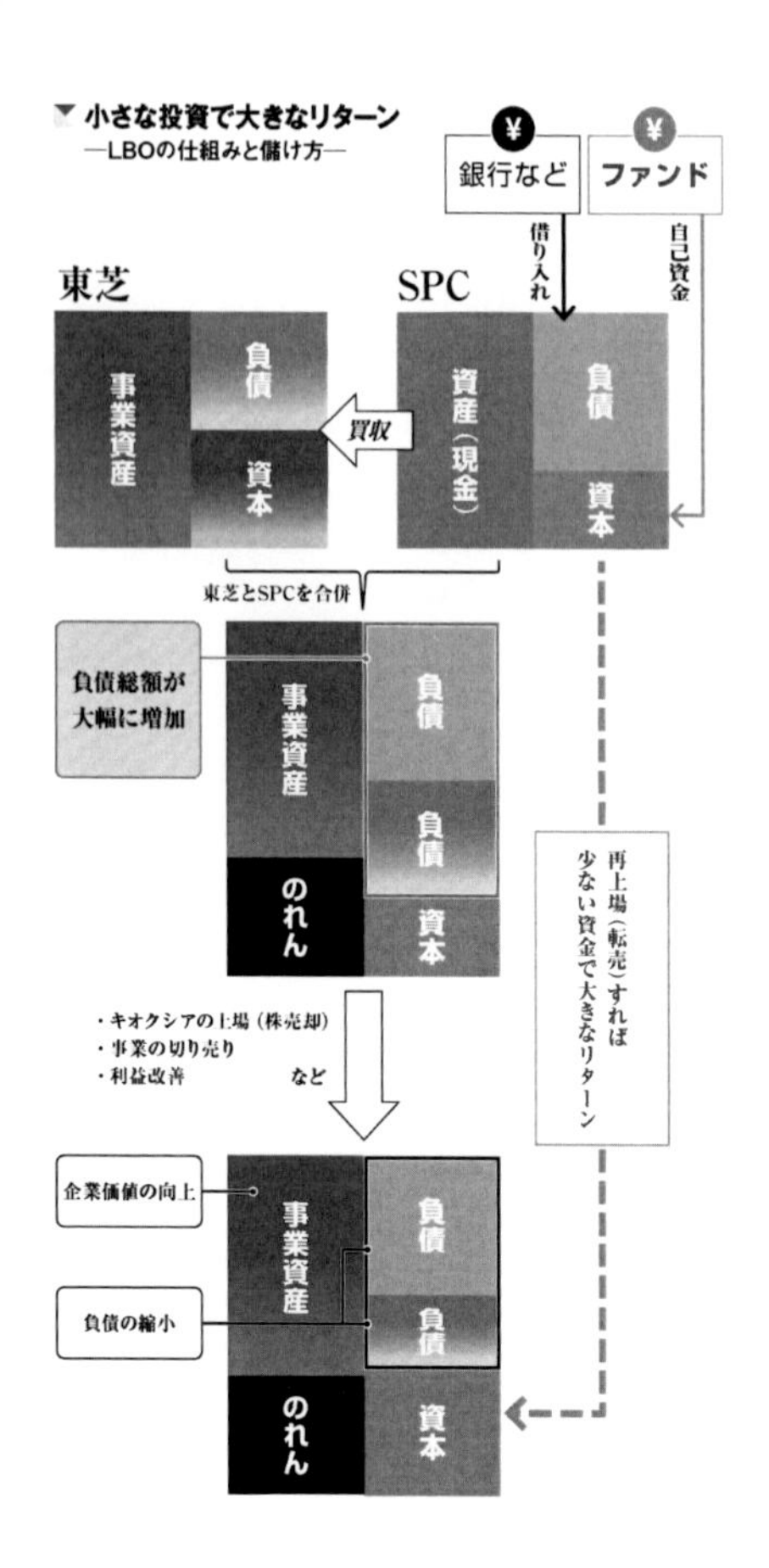
小さな投資で大きなリターン
—LBOの仕組みと儲け方—
銀行など
ファンド
借り入れ
自己資金
東芝
SPC
事業資産
負債
資本
買収
資産（現金）
負債
資本
東芝とSPCを合併
負債総額が大幅に増加
事業資産
負債
負債
のれん
資本
再上場（転売）すれば少ない資金で大きなリターン
・キオクシアの上場（株売却）
・事業の切り売り
・利益改善
など
企業価値の向上
負債の縮小
事業資産
負債
負債
のれん
資本

ファンドははじめに、自己資金で買収のためのＳＰＣ（特別目的会社）を設立する。ＳＰＣは銀行など金融機関からの借り入れで、買収に必要な資金を確保する。この資金を使ってＳＰＣが、既存の株主から東芝の株を買い集めて買収する。

買収が完了し非公開化が実現した後、ＳＰＣは東芝と合併する。その結果、ＳＰＣのバランスシートにあった借金は、合併後の東芝の負債となる。

ここからがファンドの腕の見せどころだ。一般的には、事業の切り売りや人員のリストラを通じて、負債を減らしたり、企業価値を上げたりする。すると、その分だけ資本が増加する。

この資本とはすなわち、株式の価値。再上場や転売をすることで、その分がリターンとして得られる。流れをまとめると、最初に投入した自己資金とこの資本部分との差額が、ファンドの儲けになる。

借りると儲かる「魔法」

ＬＢＯスキームの最大の特徴は、最初に投入した金額が小さければ小さいほど、のちに得られるリターンが大きくなるということにある。逆にいえば、ファンドはたくさん借り入れをするほど儲けられる。まさに魔法のようなスキームなのだ。

当然、ファンド側もリスクを抱える。経営がうまくいかず赤字に陥れば、多額の負債によって買収した企業が倒産したり、資本がほぼゼロになってしまったりする可能性もある。裏返すと、このリスクがＬＢＯの高いリターンの源泉となっている。

ただ、ある金融関係者は「東芝はリスクが小さい案件だ」と解説する。東芝はすでに不採算事業の整理がある程度終わっており、「急激に赤字に陥ることは考えにくい」からだ。

一方で東芝の場合、確実なリターンが見込まれる。半導体メモリー大手・キオクシアホールディングス（旧東芝メモリ）の新規上場が控えているからだ。東芝が約４０％の株を保有しているキオクシアの時価総額は、２兆～３兆円ともいわれている。足元は半導体市況が軟調だが、適切なタイミングで上場させるだけで、東芝には多額の現金が入る。

もちろん事業の切り売りで、さらなるリターンを狙うこともできる。東芝が長年研究開発してきた量子暗号技術は将来的な成長が期待され、興味を持つ企業は多いはずだ。量子以外でも、現在東芝に残っている安定した事業は一定の金額で売却できる可能性が高い。これらを総合的に考えれば、東芝への投資は「必ず勝てる案件」というわけだ。

増えた負債が残る

一方、東芝は重たい十字架を背負うことになる。ＬＢＯで増加した膨大な負債を返していくのは、ほかでもない東芝自身だ。金利負担や返済は、毎年の利益を大きく下押しする。

負債が大きければ、追加の借り入れも難しくなり、大規模な設備投資や研究開発はできなくなるおそれがある。これにより、競争力がそがれてしまう懸念も出てくる。

ファンドが短期間で確実にリターンを得ようと事業の切り売りを行えば、東芝が目指したい戦略のピースが減りかねない。そうすると成長にも制限がかかる。

ファンドだけが得をし、東芝は苦境に立たされる。非公開化の先に待つのは、そのような厳しい結末かもしれない。


（藤原宏成）

ファンドが気をもむ

視界不良のキオクシア上場

２０２０年９月にキオクシアホールディングスが土壇場で新規上場を延期してから約２年が経つ。延期の理由は「株式市場の動向や新型コロナ再拡大への懸念」。上場の条件についてキオクシアの担当者は「ノーコメント」とするが、大株主のファンドによる投資回収の色彩が強い以上、株式相場と半導体市況の動向次第だろう。

目下、株式相場は軟調だ。キオクシアの手がけるＮＡＮＤ型フラッシュメモリーで同業の米ウエスタンデジタルや米マイクロン・テクノロジーの株価は、２２年に入り３〜４割下落。半導体市況も雲行きが怪しい。主な需要先であるスマートフォンやＰＣの生産は足元で急減速している。

上場が見通せない中、米ベインキャピタルなどのファンドがキオクシアの大株主として居座り続けることに懸念もある。半導体が巨額の投資を必要とする産業だからだ。

NAND型フラッシュメモリー2番手のキオクシアは、最大手の韓国サムスン電子にシェアで倍近い差をつけられているが、「開発競争ではまだ拮抗している」（キオクシアの取引先企業）。スピード感を持って開発投資していくには、株主が業界の事業環境を理解しているほうが好ましい。

ファンド株主からすると、同業他社への株売却で投資回収する手もある。実際、ウエスタンデジタルとの統合話も浮上した。しかし、すでに合弁で工場を運営し、巨額投資を分担するスケールメリットを享受している。経営一体化による効果は薄そうだ。キオクシアの行く末はなお視界不良が続く。


（佐々木亮祐）

「データで稼ぐ」は可能なのか

2022年5月の大型連休。島田太郎社長を筆頭とする東芝の執行役メンバーは休日返上で一堂に会し、熱い議論を交わしていた。会合のテーマは「東芝の未来を考える」。東芝の持つ製品や技術、さらには市場シェアの高い既存ビジネスを活用して、どんな新サービスをつくり出せるかを討論。100を超えるアイデアが出された。

その成果の一部が島田社長の新経営方針に盛り込まれ、6月2日に発表された。新方針で最も強調されたのは、「データビジネス」。東芝の持つ製品から集まるデータを活用して収益を拡大する戦略だ。2018年に独シーメンスから東芝に転身した島田社長は、データ戦略の強化をつねづね訴えてきた。22年3月に東芝社長に抜擢されるまでは、システム設計・開発やAI(人工知能)活用などの事業を担う東芝デジタルソリューションズの社長を務めていた。当然、データビジネスには明るい。

25年度に利益倍増狙う

新方針発表後、島田社長は早速「攻めの人事」を行った。島田社長も設立に関与した東芝データのCOO（最高執行責任者）に、インターネット写真サービス・フォトクリエイトの創業者である白砂（しらまさ）晃氏を起用したのだ。ベンチャーかいわいの経営者とも付き合いの深い島田社長が自らリクルートしてきた。東芝データはデータビジネスの専門会社なだけに、その力の入れ具合が表れている。

新方針で示した収益目標も野心的だ。2025年度の営業利益目標は3600億円。21年度の倍以上の水準となっている。30年度にはそれをさらに伸ばし、営業利益6000億円を目指す。この時点での売上高営業利益率は12%。直近の21年度は4・8%で、日立製作所（同7・6%）やソニーグループ（同12・1%）の後塵を拝しているが、総合電機トップクラスの水準に引き上げる。

島田社長が描く青写真 —新経営方針の数値目標—

	2021年度実績	25年度目標	30年度目標	
売上高	3兆3400億円	4兆円	5兆円	
営業利益	1589億円	3600億円	6000億円	21年度比で約4倍
売上高営業利益率	4.8%	9%	12%	業界トップクラスの利益率に

（出所）東芝の資料を基に東洋経済作成

この利益成長を牽引するのがデータビジネスとなる。30年度に見込む同ビジネスの営業利益率は26%。全社の利益の2割をここで稼ぐという前提だ。

カギを握るのが装置・機器という東芝の持つハードだ。小売り実店舗のPOS（販売時点情報管理）端末やビルのエレベーター、駅の改札といった装置・機器に関わるデータは、インターネット上のデータと異なり、十分に収集・活用されていない。東芝の製品にはそうした装置・機器が多く、それらにつながるソフトを標準化することで、データを活用しやすくし、付加価値を生む狙いだ。

島田社長はデータ収集・活用の具体事例として、東芝テックを中心に行っている「スマートレシート」というサービスを挙げる。会計時のレシートがアプリ上に表示されペーパーレスとなるほか、割引クーポンをもらえることなどが利用者からするとメリットだ。他方で、小売店側ではなく本人からデータを収集することにより、「その人が何を買ったのか」という詳細なデータを東芝テックは収集できる。21年度末時点で3万店舗、84万人が利用している。

このデータを活用すれば、「これまでどんな商品を買ってきた人が新商品に乗り換えたか」や「テレビCMを見た人が実際にその商品を買ったか」といったことも把握できるとみられている。広告業界や消費関連企業の商品開発部門にとっては、喉から手が出るほど欲しいデータになるだろう。

ほかにも、鉄道や道路のETC（自動料金収受システム）データを使った運行管理・価格決定サービスや、発電や送変電で得られるデータを使ったCO2排出量の把握・削減サービスなどが検討されている。どれも装置・機器というハードを持っているからこそ、より詳細に収集できるデータだ。

懐疑的な社員

「ディメンション（次元）の違うビジョンになっている」。新方針を打ち出した島田社長の言動は熱を帯びる。ただ肝心の社員から聞こえてくるのは懐疑的な声だ。あるベテラン社員は「データビジネスでそこまできれいに成長できるとは誰も思っていない」と言い切る。

最大の懸念はデータの所有権の問題だ。データが収益の種になることは多くの企業が理解している。それなりの規模の企業であれば、自社で取得したデータは手元に囲い込もうと考えるだろう。東芝のハードの顧客は大企業が多い。そうした企業が「データをくれるとは思えない」（同）というわけだ。

「個人と接点を持ち個人からデータを収集できるスマートレシートは特殊なケース。多くの事業部は、自由に使えるデータを集められない」と同社員は指摘する。となると、東芝としては、ほかの企業と協業する形で収益の一部を得るしかなくなってしまう。

集めたデータを基にどう収益化していくのか、という問題もある。新方針が打ち出される前から、各事業部でデータビジネスの検討は進めていた。しかし、「現状はデータを集める段階。どう収益化していくかはこれから考えようというのが実態」（ある中堅社員）。上下水道の設備などインフラ系の事業では、データを活用した省人化や自動化が真っ先に思いつくが、「安定稼働が最優先で導入にはかなり慎重」（同）だという。データを使ったサービスがなかなか生まれず、データを収集するシステムやデータを分析するシステムなどを売るだけであれば、「今までのモノ売りと何も変わらない」（同）。30年度までという期間の中で、稼げるビジネスを確立するのはそう簡単ではなさそうだ。

さらなる懸念として、株式非公開化に伴うファンドの意向がある。早期の投資回収を目指して事業を切り売りされれば、事業構成が変わってしまい新方針の前提も変更を余儀なくされかねない。

データの収集、ビジネスモデルの創出、ファンドとの調整。島田社長の前にはいくつもの壁が立ちはだかっている。

（藤原宏成）

1990年代から研究開発

量子技術はいつ花開く

「巨大なマーケットが生まれる量子の領域で、リーディングカンパニーになりたい」。東芝の新経営方針で、島田太郎社長が成長の柱としたデータビジネスと並び、注力していくとしたのが量子技術だ。

圧倒的な計算能力を持つ量子コンピューターは、「組み合わせ最適化」と呼ばれる膨大な処理を現実的な時間内で可能にする。実用化されると、創薬の領域や金融商品のポートフォリオ最適化、配送ルートの効率化などの飛躍的な進歩が期待できる。

裏方ビジネスに可能性

現在の暗号通信は、量子コンピューターが完成すれば簡単に破られる。その暗号通信を守る領域を念頭に、量子ビジネスへの進出をもくろむ。東芝は1990年代から、量子技術を活用した暗号通信の研究開発を行ってきた。「この分野では世界的に1番」（東芝デジタルソリューションズの岡田俊輔社長）という技術面での強みがある。

「ゲート型」と呼ばれる量子コンピューターでは、極低温の環境が必要とされ、冷却技術が重要になる。東芝が原子力発電の事業で活用している、大きな物を均一に冷やす冷媒の技術を生かし、裏方として稼ぐことも考えられる。

2021年9月に任意団体として発足、22年5月に一般社団法人となった「量子技術による新産業創出協議会（Q－STAR）」では、NECやNTT、内閣府などと連携。研究活動を中心とする学術系の団体とは違って、産業横断的に量子産業の創出を目指していく。Q－STARの代表理事は島田社長だ。

ただ、量子ビジネスが本格的に花開くのは10～20年後と想定される。量子産業が今後どのように生まれ発展していくかも未知数だ。東海東京調査センターの石野雅彦シニアアナリストは、「量子技術が利益を稼げるのかは疑問。未来の話すぎて、途中経過がわからず、現実から飛躍しているようにも見える」と指摘する。

量子技術が可能にする明るい未来に向けて種をまくことは、企業としても間違っていない。しかし、今の東芝で発言力の大きい株主たちが考える時間軸で収益化を図るのは無理がありそうだ。

（佐々木亮祐）

「私はビジョナリーな人」と公言

島田太郎社長とは何者か

2022年3月に経営を託された外様社長。人物像を把握するためのキーワードは「ビジョン」だ。

「彼はビジョナリストなので、先の展開を考えるのが大好き」(ある東芝幹部)。その彼、島田太郎社長を語るうえで欠かせない言葉が「ビジョン」だ。島田社長の口からも「私はビジョナリーな人間」といった表現が飛び出す。これは「先見性のある人間」とでもいえばいいのだろうか。

実際、その視線は未来へと向けられている。東芝のデータ戦略を尋ねると、「僕がやろうとしているのは、『ウェブ3・0』を現実の世界に持ち込むこと。それが人類のためになると思うから」と真剣に語る。

ウェブ3・0といえば、米グーグルなどの巨大IT企業にデータが集約・支配されず、個人が直接データを取引する世界観だ。その新潮流を東芝の事業に早速落とし込もうと思考を巡らす。その結果、プレゼン資料などで出てくるのは、量子技術の実用化を視野に入れた「QX（クオンタムトランスフォーメーション）」など、一般人の頭を悩ます新語だ。

一方で社員向けのメッセージを見ると詩的な表現も用いる。「私からすると、東芝の改革は、遠雷のごときであります。遠くでゴロゴロと鳴っているが、自分には関係のないことだと、普段の仕事をしている。これでは、本当の改革は達成できないのであります」。

そのような島田社長は1966年生まれの55歳。90年に甲南大学理工学部を卒業し、新明和工業に入社する。入社後の約10年は航空機の設計業務に携わった。この間、米ボーイング社や米マクドネル・ダグラス社といった海外航空機メーカーへの出向も経験。当時は「余裕で月200時間くらい残業していて、家内には私は独りぼっちだとよく怒られていた」（島田社長）という。

その後は、米国のソフトウェア会社に転職。日本法人の社長や米国法人の副社長を務めた。この会社が独シーメンスに買収された後も、ソフト畑を歩み、シーメンス日本法人の専務にまで出世した。

2018年に、当時の車谷暢昭社長に引き抜かれる形で東芝に入社。東芝デジタルソリューションズの社長を務めるなど、東芝のデジタル戦略を率いてきた。

こうした経歴を持っているからこそ、「この伝統のある日本企業で、デジタルがわかる初めての社長」と自ら胸を張れるわけだ。

顔の見える社長

190センチメートルを超える身長は、米メジャーリーガーの大谷翔平選手とほぼ同じ。「食堂でよく見かけたが遠くからでもすぐわかる」と社員たちは口をそろえる。社員との距離感は近く、「社内のSNSに頻繁に現れる」（東芝の若手社員）。社内向けのEラーニングでもデータビジネスについて動画で力説するなど「顔の見える社長」だという。

それどころか、とくに関心の高い量子の分野では「技術者たちにバンバンメールを送る〝メール魔〟みたいなところもある」（東芝幹部）。いい意味で「過去の東芝の経営者とは違うタイプ」（同）だ。

綱川智前社長は22年3月に社長の座を譲るに当たり、全社員宛てのメールで次のように語りかけた。

「島田さんは未来のビジネスモデルを描く『ビジョン創造力』、自ら描いたビジネスモデルを売り込む『提案力』、軋轢をいとわずに変革を実現していく『実行力』に強みを持っておられます」

株主に振り回され腰が据わらなかった近年の東芝にとって、自分の言葉でビジョンを示す経営者が必要だったことは間違いない。新経営方針の発表で、ビジョン創造力と提案力はある程度証明されたと言っていいだろう。今後、島田社長が示していかなければならないのは、これを実現する「実行力」にほかならない。

（藤原宏成）

「不可」はないが「優」もなし

事業の「成長性通信簿」

周囲からは経営危機とか再建とか言われるが、正直ピンとこない——。東芝の中堅社員はそんな本音を吐露する。

それもそのはず。彼のいるエネルギー部門の主要顧客は電力会社。設備の更新とメンテナンスの需要が中心で、極めて安定したビジネスだからだ。

この中堅社員によれば、エネルギー部門は経営危機が騒がれ始めてからも、ビジネス上はなんら影響を受けていないという。「経営危機といっても、それはあくまで経営と株主の話」（中堅社員）と、まるでひとごとだ。

確かに東芝の経営自体は危機に瀕して漂流しているものの、意外なことに業績は悪くない。2022年3月期の決算は増収増益であり、事業部別の利益を見ても現在残っている事業はすべて黒字となっている。

ただ、こうした事業も成長性という観点から見れば話は別だ。伸びしろがあるビジネスは決して多くないからだ。

成長性のある事業とは

東海東京調査センターの石野雅彦シニアアナリストは、「東芝の成長はほぼ半導体が担っている」と指摘したうえで、「成長性を3つの層に分けて考えるとわかりやすい」と語る。

成長性は半導体頼り ―東芝の利益のイメージ―

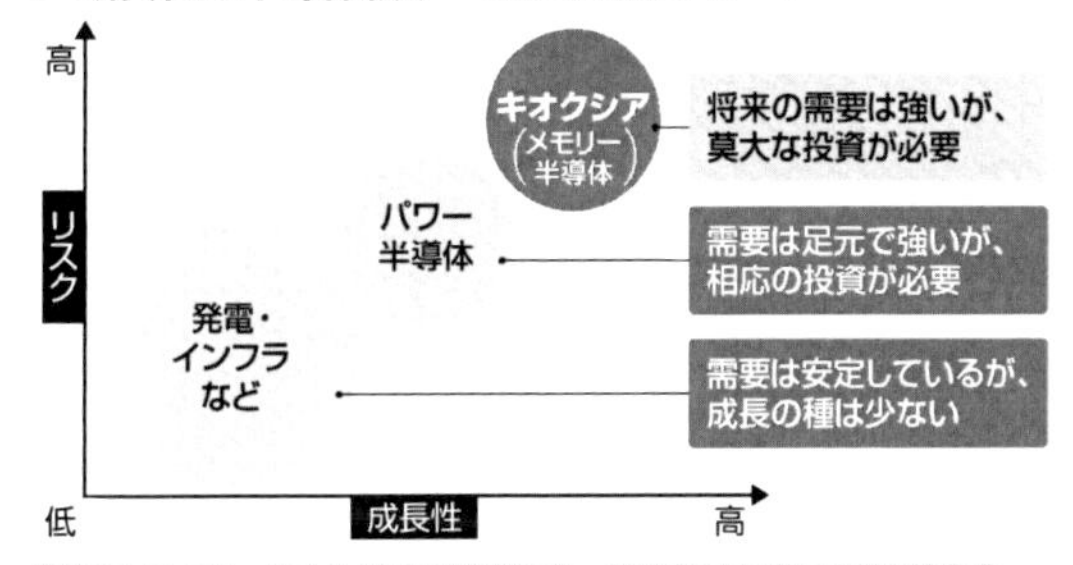

(注)キオクシアホールディングスは40%持ち分　(出所)取材を基に東洋経済作成

最も成長が見込まれる層は、持ち分法適用会社のキオクシアホールディングスが手がける「メモリー半導体」だ。最先端の技術が必要な半導体で競争も激しく、膨大な投資が必要になる。しかし、データセンターをはじめとしてメモリーの需要は今後も増え続けることが予想され、大幅な成長が見込まれる。

成功すれば大きなシェアを握り、世界一を目指すこともできるが、キオクシアは将来的に売却する方針で、東芝はこの恩恵を享受できない可能性が高い。

2つ目の層は、東芝本体の中にある半導体ビジネスだ。ディスクリート半導体やパワー半導体といった製品は、自動車の電動化や工場の自動化に用いられることから一定の成長が期待できる。半導体不足が象徴するように、足元の需要もかなり強い。ただし、最先端の半導体に比べると競合も多くいる。シェアを上げるためにはある程度の投資も避けられず、東芝としては一定のリスクを背負うことになる。

3つ目の層は冒頭のエネルギー事業やインフラ事業、エレベーター事業といったビジネス。すでに寡占化が進んでおり、これまでの実績を武器に安定した収益を上げることができる。しかし、その分大きな需要の増加も期待しづらいのが特徴だ。

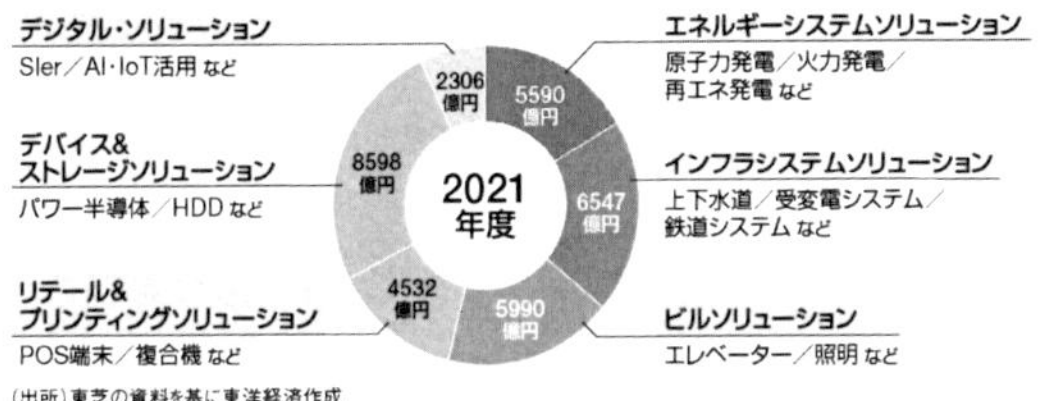
全事業が一定の規模を持つ ―東芝の事業部別売上高―
デジタル・ソリューション
SIer／AI・IoT活用 など
2306億円
エネルギーシステムソリューション
原子力発電／火力発電／再エネ発電 など
5590億円
デバイス&ストレージソリューション
パワー半導体／HDD など
8598億円
2021年度
インフラシステムソリューション
上下水道／受変電システム／鉄道システム など
6547億円
リテール&プリンティングソリューション
POS端末／複合機 など
4532億円
5990億円
ビルソリューション
エレベーター／照明 など
(出所)東芝の資料を基に東洋経済作成

前図は東芝の事業部別の売上高を示したもの。これを見れば明らかなとおり、東芝の売り上げに占める割合はこの3つ目の層が多い。

もちろん、各事業を詳細に見ていけばそれぞれに濃淡はある。そこでここからは、こうした東芝の各事業の成長性を細かく分析したうえで「優」「良」「可」「不可」で採点していこう。ずばり、東芝の成長性を占う「通信簿」だ。

【エネルギーシステム】原子力・火力が後退（通信簿：「可」）

「エネルギーシステム」は、火力や原子力、水力などによる発電に用いられる機器や送電に使われる設備を担う事業だ。この事業は今、大きな転換点を迎えている。原子力と火力という2大巨頭が、そろって苦境に陥っているからだ。

原子力は東日本大震災以降、停滞が続いており、発電所の新設需要は見込めない状況だ。再稼働や廃炉の需要があるため、急激に売り上げが落ちることこそないが、今後は縮小が予想される。

そこに「脱炭素」の波がやってきた。海外も含め、火力発電所の新設が見込めなくなってしまったことで、雲行きは怪しさを増す。

そうした状況の穴埋めをするのが再生可能エネルギーの分野だ。東芝は、水力発電の設備やメガソーラー（大規模太陽光発電所）設置において国内シェアトップとなっている。

最近は、洋上風力にも注力。米ＧＥ（ゼネラル・エレクトリック）と業務提携し、存在感を示している。洋上風力では２０２１年１２月、３海域でのプロジェクトを三菱商事が総取りしたことが話題になったが、その風車を総取りしたのは、ＧＥ－東芝連合だった。

ただ、再エネ分野がどれほどの規模まで成長するかには疑問が残る。エネルギー部門の社員は、「発電所が増えたとしてもかなり先になるのではないか」と語る。

利益率の問題もある。再エネと聞くとまったく新しい技術のようにも思えるが、風車などは何十年も前からある技術。これに今、改めてスポットが当たっているにすぎない。「よほど新しい技術をつくり出さない限り競合も多く、利益は出にくい」（エネルギー部門社員）という声も聞こえてくる。原子力や火力の縮小を完全にカバーするにはまだまだ時間がかかりそうだ。

これに対し競合の日立製作所は、海外の送電分野に力を入れている。スイスのABBのパワーグリッド事業を買収して世界シェアでナンバーワンになるなど、グローバルで攻勢をかける。

足元ではロシア―ウクライナ問題を機に電力融通問題にスポットが当たっている。前出の石野氏は「もともと知見は東芝のほうに分があるが、知見がなかったからこそ大胆に仕掛けた日立が今後成功していくのではないか」とみている。

【インフラシステム】成長分野は競合多数（通信簿：「可」）

「オーガニックな成長は正直かなり難しい」。「インフラシステム」の幹部社員は自らの事業をそう評価する。

インフラシステムのビジネスは多岐にわたる。主なものだけでも上下水道システムや鉄道、ビルの電源装置、そして防衛関連のレーダーなど。自動改札機や郵便区分機といった機械、産業用のモーターなども手がけている。これらはまさに安定事業の典型例で、更新やメンテナンスによって収益を上げている。

また、個別の製品やサービスを見ていくと、高速道路の管制システムや放送システム、郵便機器など、圧倒的なシェアを持つ製品も少なくない。

インフラビジネスは、GDPの成長に比例して収益が伸びる。だが、高齢化が進む日本では、将来的な成長は見込みづらい。そこで東芝が視野に入れるのは、海外のインフラ関連会社の買収だ。「日本で造った製品を持っていってもコストが見合わないため、地元企業を買収するのが最も合理的」（前出の幹部）というのが理由だ。

だがこうした戦略について、「東芝は過去に海外での買収で数々の失敗をしてきた。うまくコントロールできるのか」（インフラ部門の社員）と否定的な声もある。

もっとも国内での成長も捨てたわけではない。新たな取り組みとして、物流向けのロボットを手がけている。しかし、この分野にはすでにライバルが大勢いる。別の幹部は、「過去に何度も潰れそうになり、大きな設備を持たないようにしてきた。だから機械は苦手分野だ」と明かす。

となると、国内外ともに成長のハードルはかなり高いといえる。

【ビルソリューション】一時は売却候補に（通信簿：「可」）

東芝エレベータ、照明の東芝ライテック、空調の東芝キヤリアの3社で構成されるのが「ビルソリューション」だ。

この3社は会社分割案が出た際に非注力分野とされ、売却対象とされた経緯がある。分割案で注力分野となった「カーボンニュートラル」「インフラ強靭化」との親和性が低いと判断したからだ。

ただ、どちらの事業も成長余地はある。エレベーターや照明はビルが増えれば決まって必要になる。国内のみならず、海外での需要も期待できる。

しかも空調は、近年注目を集めている分野だ。温暖化対策として、海外を中心にヒートポンプ式エアコンへの乗り換えが進んでいる。とくにボイラーに対する規制が厳しくなっている欧州では引き合いが強い。

島田太郎社長は、これらのビジネスを再び中核事業に戻した。というのも個人利用が多く、中核ビジネスに位置づける「データ」を収集しやすいとみるからだ。しかし空調に関しては、8月に合弁先の米キヤリアに売却した。

これら3事業はもともと、連携強化を目的にインフラシステムから切り出された。その1つを失ってしまった影響は小さくない。

【リテール&プリンティング】POSの強みを活用 （通信簿：「良」）

POS（販売時点情報管理）レジ市場において、東芝テックのシェアは群を抜いている。日本でのシェアは約5割。海外でも2012年に米IBMの事業を譲り受け、世界トップに躍り出た。

POSレジは日々進化を遂げている。足元で力を入れているのが、無人決済店舗だ。高輪ゲートウェイ駅など13カ所に導入されており、全国展開も開始した。カメラによって客を捕捉し、端末で決済するとゲートが開き外に出られる。人手不足に悩む流通・小売業界の需要は小さくないだろう。

データを活用したビジネスにも注力している。POSで蓄積したデータを分析し、小売企業などに提供する。島田社長一推しの「スマートレシート」も組み合わせ、企業と個人双方のデータを活用しようともくろんでいるわけだ。

一方、問題を抱えているのが複合機のビジネス。東芝テックはオフィス需要に特化しているが、ペーパーレス化や在宅勤務の増加で苦戦している。そもそも車谷暢昭社長時代には、撤退候補とされていた事業。2022年3月期は黒字に転換したものの、この事業の行く末がリテール&プリンティング事業の将来を左右するといえそうだ。

【デバイス&ストレージ】新工場の稼働がカギ （通信簿：「良」）

「デバイス&ストレージ」は、パワー半導体とハードディスク駆動装置（HDD）を核とする。このうちパワー半導体は、自動車の電動化に向けた需要で活況を呈しており、今後の見通しも明るい。

ただこの市場における東芝の立ち位置は、決してよくない。次表はパワー半導体の世界シェアを示したもの。東芝のシェアは6位で4・3％にとどまる。この2年で順位を落としており、富士電機にも抜かれてしまった。

半導体不足で活況だが、世界ではそこそこ
―パワー半導体の世界シェア―

順位 2021年	順位 19年	社名	シェア
1	1	インフィニオン・テクノロジーズ	20.9%
2	2	オン・セミコンダクター	8.8%
3	4	STマイクロエレクトロニクス	7.4%
4	3	三菱電機	6.3%
5	7	富士電機	5.0%
6	**5**	**東芝**	**4.3%**
〃	6	ビシェイ・インターテクノロジー	4.3%
8	9	ネクスペリア	2.9%
9	8	ルネサスエレクトロニクス	2.8%
10	10	ローム	2.7%

（出所）Omdia

半導体部門の巻き返しのカギを握るのが、300ミリメートルウェハーの製造だ。現在は200ミリウェハーが主流。より面積の大きい300ミリで生産できれば、1枚のウェハーから取ることができるチップの量が増え、生産能力は大幅に高まる。300ミリでのパワー半導体製造は、独インフィニオン・テクノロジーズを筆頭に海外メーカーが先行している。

そこで東芝は、2022年度下期に加賀東芝エレクトロニクスの既存棟で生産ラインを稼働。その後、24年度には現在建築中の新たな製造棟での製造をスタートさせる計画だ。この工場が稼働すれば、生産能力は21年度比で2・5倍になる。

しかし、これには大きなリスクが伴う。「難易度の高い生産量調整をしなければならない」(半導体メーカー幹部)からだ。パワー半導体は、顧客ごとのカスタマイズが必要な多品種少量生産が一般的。たくさん造れば造るだけ売れるメモリー半導体とは訳が違う。

一度に大量のチップができる300ミリでは、多品種少量生産の調整が難しい。この判断を誤れば、過剰な在庫を抱えたり、工場の稼働率が落ちてしまったりという問題が起きかねない。

一方のＨＤＤも先行きは明るくない。記憶媒体としては、消耗しやすいＨＤＤよりもメモリー半導体のほうが優れており、置き換えが進むと予想されるからだ。しばらくは旺盛なデータセンター需要に支えられるが、将来的な需要の先細りは確実で苦戦は必至だ。

もちろん東芝としてもそうした事態を予測しているため、メモリー半導体事業も展開している。だが、キオクシアを売却してしまえば意味がなくなり、ＨＤＤ事業の鈍化の影響をもろに受けることになる。それを補うためにもパワー半導体の成長は必須といえる。

【デジタル】国内だけでは限界も（通信簿：「可」）

最後は、島田社長が期待を寄せるデータビジネスの中核となる「デジタル」事業だ。システムの設計や開発をはじめ、ＡＩ（人工知能）の活用などが柱だ。東芝が製造分野で蓄積したノウハウを、工場効率化をはじめとするサービスに生かすことなどを目指している。

しかしデジタル部門は、いかんせんライバルが多い。コンサルティング会社のほか、日立などＩＴに強い企業がわんさかあるからだ。実際日立も、「ルマーダ」を掲げて、データを活用したビジネスを進めている。こうした分野で、東芝がどれだけの存在感を示せるかはまったくの未知数だ。

「ベテラン社員からは「東芝は基本的にソフトに弱い」といった声も聞かれるし、強化しようにもＩＴ人材は引っ張りだこ。市場価値の高い人材が「はたして今の東芝に来るだろうか」と悲観する声もある。

また、国内市場だけでどこまで稼げるのかという問題もある。競合の日立は海外市場に狙いを定め、２０２１年に米ＩＴベンダーのグローバルロジックを買収した。その心は「日本のデジタル化市場は遅れていて、当分はそれほど儲からないから」（日立幹部）だという。

儲からない国内市場にデジタル化の波が本格的に到来するタイミングを待っていれ

ば、その間にライバルに大きく水をあけられてしまう。となれば、少しでも早く海外市場を視野に事業展開しなければならない。

データの「優」は必須

既存事業の状況を見ていくと、東芝の各事業は安定した収益を稼ぎ出しており、「不可」とまではいえない。だが会社の成長を確実にリードできそうな「優」をつけられる事業もなく、「可」や「良」ばかりというのが現状だ。そういう意味では、いずれも中途半端なものばかり。ファンドが求めるような高いリターンは望めそうにない。島田社長が掲げる「データビジネス」で飛び抜けた「優」を取らなければ、東芝の将来は明るくない。

（藤原宏成）

売却事業たちの「その後」

近年の東芝は債務超過の解消や業績の改善の必要に迫られ、さまざまな事業を売却してきた。一方で、売却された事業の「その後」を見ていくと、その場しのぎの売却が本当に正しかったのか、疑問が残る。

「売るべきではなかった」（ベテラン社員）と社員がいまだに恨み節をこぼすのが、東芝メディカルシステムズだ。画像診断装置に強く、CT（コンピューター断層撮影）装置で国内トップシェアを誇る。日本の高齢化が進む中、需要は伸びることが予想され、成長性は十分だった。だが、ドタバタ劇の果てにキヤノンに売却される。

「あんなスキームはもう二度と使えません」。2016年3月の東芝メディカルの売却を振り返り、金融関係者はそう口をそろえる。

当時の東芝は、巨額の赤字で債務超過転落の危機にあった。東芝メディカルの売却は、それを逃れるための最終手段として打ち出された施策だった。

ところがある問題が発生する。入札が3月にまでもつれ込んでしまったのだ。売却先のキヤノンとの間で契約書が取り交わされたのは3月17日。売却するには、そこから各国当局の独占禁止法の審査が必要だった。だが審査を待っていると、年度末の3月末までに売却益を計上できない。東芝に余裕はなかった。

そこで「限りなく黒に近いグレー」（金融関係者）のスキームが用いられる。第三者であるＳＰＣ（特別目的会社）に一時的に議決権を持たせたのだ。

キヤノンには6655億円で議決権のない株式と新株予約権を譲渡。議決権を持たなければ独禁法の制約を受けずに済む、という荒技だ。当局の審査を終えた後で新株予約権が行使され、東芝メディカルがキヤノンの傘下に入るという形をとった。

日本の公正取引委員会はこの取引を認めたものの、キヤノンには注意を行い、東芝に対しても今後こうした行為に関与しないよう申し入れを行った。

東芝メディカルは売却後の2018年、キヤノンメディカルシステムズへと社名を変更。キヤノンの傘下で安定した利益成長を続けている。売却前の2015年3月期に177億円だった営業利益は、直近で202億円にまで増えた。足元では米国の販売会社を買収、医療機器の最大市場で欧米勢からシェアを奪おうともくろんでおり、今後の伸びしろもたっぷりだ。まさに、「逃がした魚は大きかった」の典型例だろう。

赤字企業が黒字に

消費者に身近なブランドを築いてきた事業子会社も含めて、東芝は売却を進めた。

稼げる子会社を次々売却 ―東芝が売却した主な子会社、関連会社―

会社名	事業内容	売却先	売却時期	保有割合(%)	売却額
東芝メディカルシステムズ	医療機器	キヤノン	2016.3	100→0	6655億円
東芝ライフスタイル	家電機器	美的集団	2016.6	100→19.9	514億円
東芝映像ソリューション	映像	ハイセンス	2018.2	100→5	129億円
東芝メモリ	半導体	ベインキャピタルなど	2018.6	100→40.64	2兆円
東芝クライアントソリューション	パソコン	シャープ	2018.10	100→0	40億円
東芝キヤリア	空調機器	キヤリア	2022.8	55→5	1200億円

(注)会社名は売却前。売却額は概数　(出所)東芝の公表資料と取材を基に東洋経済作成

白物家電の東芝ライフスタイル、テレビの「レグザ」が代表商品の東芝映像ソリューション、パソコンの「ダイナブック」で知られる東芝クライアントソリューションなどだ。東芝傘下では赤字で「売却やむなし」という声が多かったが、いずれも東芝から離れた後は業績を大幅に改善させている。

東芝ライフスタイルは売却前、600億円近い営業赤字を計上していた。ところがわずか数年の間に黒字化を達成。東芝の中堅社員も「まさかここまで早く立ち直るとは」と舌を巻く。

買収したのは中国の美的集団。売上高約6・6兆円を誇る、世界トップの白物家電メーカーだ。その生産量は東芝ライフスタイルの比ではなく、工場の稼働率は劇的に改善した。グループ全体での生産量が多いことは、調達コストの低減にもつながる。それにより、一気に赤字を抜け出したのだ。

「TVS REGZA」に名を改めた東芝映像ソリューションも、中国大手の傘下に入り成功を収めている。営業損益は売却前に61億円の赤字だったのが、直近は46億円の黒字に浮上している。

買収したのはハイセンス。中国でトップクラスのテレビメーカーだ。東芝ライフスタイルと同様、調達や生産の集約でコストを削減できた。販売も好調だ。家電量販店などの販売データを集計する調査会社BCNによれば、ソニーやシャープと日本国内でシェア1位を争っており、2022年1~3月はシェアトップとなっている。

東芝クライアントソリューションは、わずか40億円という安値でシャープに売却。その後、ダイナブック（Dynabook）に社名が変更された。シャープは、電子製品受託生産世界最大手である台湾の鴻海精密工業(ホンハイ)の子会社。生産や調達でスケールメリットを生かせるという構図は、白物家電やテレビと共通している。

東芝傘下だった18年3月期は83億円の営業赤字だったが、その後は2期続けて黒字に。直近はパソコン市場全体の停滞と半導体不足の影響で営業赤字に再び転落しているとはいえ、強みのグループ力で挽回できる見込みは高い。

売却後に利益が急増する企業が続々
—売却企業の営業利益推移—

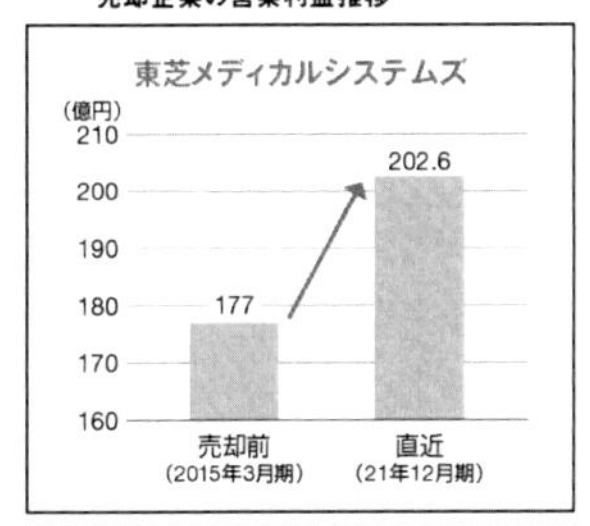

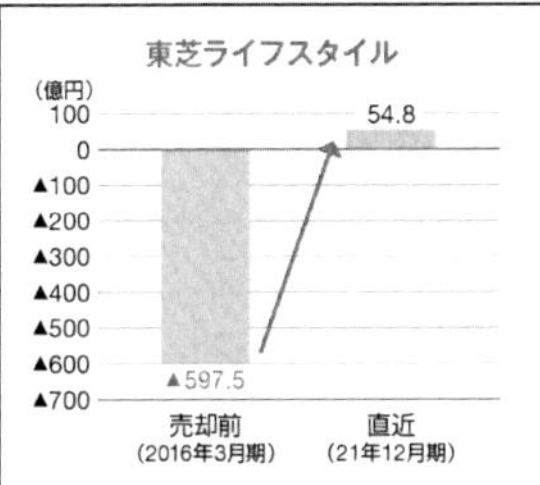

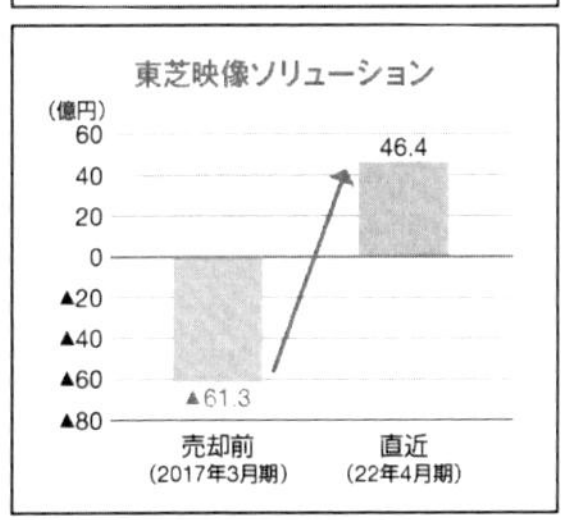

(注)社名は売却前。▲はマイナス
(出所)各社公表資料を基に東洋経済作成

「本社費」というコスト

売却後わずか数年で復活できた事業が、東芝時代はなぜ赤字から一向に抜け出せなかったのか。前出のベテラン社員は、「東芝グループにいると特有のコストがかさむからだ」と明かす。

その1つが親会社の東芝に支払う「本社費」の存在だ。売り上げの数%というブランド使用料や、東芝本体に仕事を依頼する際の業務委託料などが含まれる。

東芝は重電や半導体などさまざまな事業会社を持つ。白物家電やテレビなど薄利多売の事業会社だと、この本社費が固定費として重くのしかかってくる。グループ会社が本社費を〝年貢〟と揶揄するのも理解できる。

東芝本体は約3600人の従業員を抱える。グループ全体の管理など間接部門の機能も担っており、それら従業員の飯の種が必要となる。そのために事業子会社から利益を吸い上げるのは当たり前の話だ。ただ、「重い年貢」になってはいないか。

東芝は8月1日、空調事業の東芝キヤリアを合弁先の米キヤリアに売却した。これまでに売却した事業会社を見ると、東芝が見切りをつけた事業でも、その製品には競争力があり収益力を持っていたことが証明されている。今後も売却する事業が出てくる可能性は十分にある。その際に判断を誤れば、より大きな魚を逃がすことにもなりかねない。

（藤原宏成）

INTERVIEW

「私はビジョンを示した　あとは株主の選択を待つ」

東芝社長CEO・島田太郎

データ事業を柱としていく新経営方針を打ち出した東芝の島田太郎社長CEO。新社長として成長戦略を示したばかりだが、利害の異なる多くの株主の理解を得つつ、株式の非公開化を含めた資本政策を早速検討しなければならない。難しい舵取りをどう担うのか。島田社長を直撃した。

――東芝は3月末まで会社分割案を検討していました。それとは内容がまったく違う島田社長の新方針は唐突だと思われていませんか。

確かにこれまで東芝は、デジタルを軸に成長するストーリーを前面に出してこなかった。準備していたものの、実現するには時間を要するとわかっていたからだ。ヘッジファンドの人たちには「そんな夢みたいな話」とすぐ言われてしまう。だから温存していた。

この3年間で東芝は、利益率の悪い事業の切り離しや固定費削減などを着実にやってきた。同一事業で比較すると、われわれは最高益の状態にある。会社の状態はものすごくいい。その中で「この先もすごいぞ」と言うためには、隠し球を出すしかないと判断した。

――分割案はどうみていましたか。

資本の論理から考えると理解できる部分もある。ただ、会社を分割するにはコストがかかりますよね。これに対して、株主がどう反応するかが重要だったと思う。3月の臨時株主総会に諮った結果は否決であり、かつ株価は下がった。

自分たちの方針を強く打ち出すか、彼ら（ファンド株主など）の言うことを聞くか、という二者択一を東芝はこれまでしてきた。今回は聞くことをやめ、「私はビジョナリーな人間なのでこのビジョンでやるんだ」と出したのが新方針。

6月2日の発表から今現在、ヘッジファンドの人たちは何も言ってこなくなった。長期保有のロング投資家の中には「島田さん、いいやん」「サポートしますよ」と言う人もいる。「過去にやったことがないからできるわけがない」という反対意見も当然ある。

でも大切なことは、自分たちが何者で、どう変われるのか、会社としてどう成長できるのかを、堂々と信念を持って言うこと。それに対して投資資金を出し続けるのか、引き揚げるのか、選択してもらうしかない。もちろん、会社が苦しいときに支えてくれた株主には、相応のリターンをお返しすることは責務だと思っている。

データが起こす革新

――データビジネスを成長の柱にするのはなぜですか。

すべてがデータ化され、それらのデータが正確につながる世界が到来する。それによって革新や最適化がありとあらゆるところで起きると予想するからだ。

まずはデータを集め、それらを活用する企業群でエコシステムをつくる。重要なのは、個人に情報を集めてもらうことだ。個人の買い物を例にすると、特定の1店舗で買い物を全部済ませる人はいない。ある小売事業者が把握できるデータは、その人が買い物しているうちの一部にすぎない。それを本人に集めてもらえれば、その人の買い物データを100％把握できる。

東芝テックでは「スマートレシート」というアプリを提供している。われわれからすると、このアプリを通じてさまざまな店舗での買い物データを個人が集めてくれている。このデータを活用すれば、従来難しかったテレビCMの効果測定が可能になる。CM放送後にその新商品を人々が実際に買ったのか、データでつかめる。性別や年齢による分析が中心だったマーケティング手法も大きく変わる。

――ただそのようなデータは顧客企業のほうに集まるのでは。

東芝のものじゃないというのはそのとおり。だが、店舗を運営している企業のものでもない。データはあくまでも個人のものだ。

一方で個人の視点に立つと、「知らない間にデータが集められる」ことがデータ提供に二の足を踏む理由になる。うちの家内が銀座に行って店でかばんを見てきただけなのに、インスタグラムにそのかばんの広告が出てきて、「GAFAは怖い」と訴えてきた。そのような気持ち悪さはいけない。

レジで支払ったとか改札を通ったとか、自ら認識して起こしている行動のほうが、同じ行動データでも「気持ち悪くないデータ」になりやすい。東芝が多く持つハードウェア製品は、そういう形でデータを取りやすい。

――装置を売って稼ぐのですか。

そう単純な話ではない。自分たちがエコシステムのプラットフォーマーになれそうな領域を定めて、そこで収益化を狙う。プラットフォーマーになれば、データを渡すか渡さないかを握れる。スマートレシートを例に話をしているのは、東芝テックがPOS市場で半分以上という圧倒的なシェアを持っているから。孫子の兵法に「人数の多さを測れ」とあるでしょ。勝負で勝つには数的優位が大事。

東芝自身は個人などに対するサービスを展開しないほうがいい。その分だけ投資が必要になる。われわれが提供するのは個人や企業間でデータを連係させる機能だけかもしれない。パートナーの顧客企業はすでに200社ある。1000社を超えたらエコシステムをつくれたといえるが、すごい勢いでそれに近づいている。500億円くらいの売上高規模ならすぐに届くのではないか。

BtoB（企業間取引）の分野では、CO_2排出量のデータ把握にチャンスがある。東芝がエネルギーに関して、「つくる」「送る」「ためる」「使う」のすべてを手がけていることが強みとなるはずだ。

資本構成の話は順番が逆

——島田社長の新方針にあった適切な資本構成とはどういう形でしょうか。非公開化が適切？

われわれは現時点で（非公開化、上場維持などの選択肢のうち）何かを選んだわけじゃない。東芝にはたくさんのステークホルダーがいる。社員、顧客、国、それぞれについて考えなくてはいけない。苦しいときに支えてくれた株主にリターンを返す責務もある。複雑な連立方程式を解く必要がある。

（非公開化うんぬんを語るのは）僕からすると順番が逆。まずは企業価値を高めるためにやるべきことを示して、そのうえで何がベストの形態かを比較検討して、これがベストというもの（資本構成）を選ぶ。資本は必要だから集めるもの。そっちを先に考えるのはおかしくないですか。「これが嫌だからこの方向にしよう」と、恣意的に進めていることはいっさいない。

ただ一つ言えば、現状のように何も決められないことがいちばん困る。今の状態では、企業買収や大きな投資を（経営サイドが）したくても、おそらく困難。その辺をできるようにしたい。

――社外取締役だった綿引万里子氏（元名古屋高等裁判所長官）は、東芝がファンド株主と交わした「取締役候補指名にかかる合意書」の問題点を指摘していました。

綿引先生は法律のプロ中のプロ。法律の問題に関して、何か言えるような知識を私は持ち合わせていない。他方、法律上で問題がありそうだからといって、実際に問題が起きるかというとそうとは限らない。ただ、指摘されたようなことを起こしてはならない。指摘を真摯に受け止めて経営していく。

――6月の定時株主総会を経て、ファンドから新たに2人の取締役を受け入れました。その影響は。

皆さんはアクティビストとひとくくりにするが、それぞれ立場は違うし意見も異なる。一致することがまれなくらいだ。単純に白黒つくようなことはない。真剣に検討して、株主の利益になることもしっかりやっていると示していくことが、いちばん大切だと考えている。

（聞き手・藤原宏成）

島田太郎（しまだ・たろう）

１９６６年生まれ。大阪府出身。９０年新明和工業入社。９９年米企業に転職。同社を買収した独シーメンスの日本法人で要職を歴任。２０１８年１０月に東芝入社、コーポレートデジタル事業責任者に。１９年執行役常務、２０年執行役上席常務兼東芝デジタルソリューションズ社長。２２年3月から代表執行役社長ＣＥＯ（最高経営責任者）。

【社員の葛藤】人材先細りが進む不安

グループ12万人を待つ未来

「同期の辞めていくスピードが、東芝本体の経営のごたごたで速くなった。うちの事業部に配属されていた同期は30人くらい。私を含めてその半数がすでに会社を去りました」

2022年春、7年勤めた東芝の中核子会社を辞め、重電大手に転職した30代男性はそう話す。発電設備などインフラ関連の仕事は、忙しかったが待遇は悪くなかった。むしろ年収は転職で100万円近く下がったほどだ。それなのに見切りをつけたのはなぜか。

「この先10年後を考えたとき、一緒に仕事をしている人がいないのではと思ったからです。辞めていく人が多いのに、ほかの部署からの異動や中途採用による補充がない。自分のいた約10人のチームでは、私の上は49歳で20歳近く離れていた。プロジェクトをまとめるマネジャーもいちばん若くて51歳でした」

転職した今の会社のプロジェクトマネジャーは38歳の人が務める。求められる技術レベルは、今の会社のほうが高いというので、東芝時代の高齢マネジャーの存在がいっそう際立つ。

この男性の指摘から見えてくるのは、東芝で進む組織の高齢化だ。東洋経済が上場各社に行っているアンケート調査でも、東芝の高齢化は鮮明だ。2020年度時点で東芝本体の社員は40~50代が65%。これは同業の電機大手、三菱電機の51%より高い。しかも東芝は50代が36%と三菱電機を大きく上回る。

東芝は40～50代の社員比率が高め
―東芝と三菱電機の年齢別社員構成比―

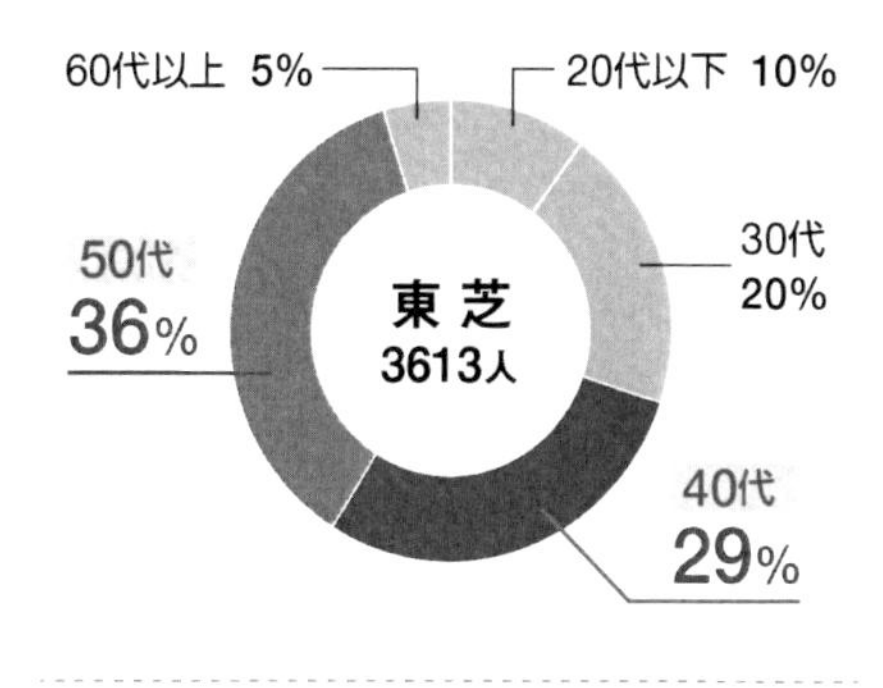

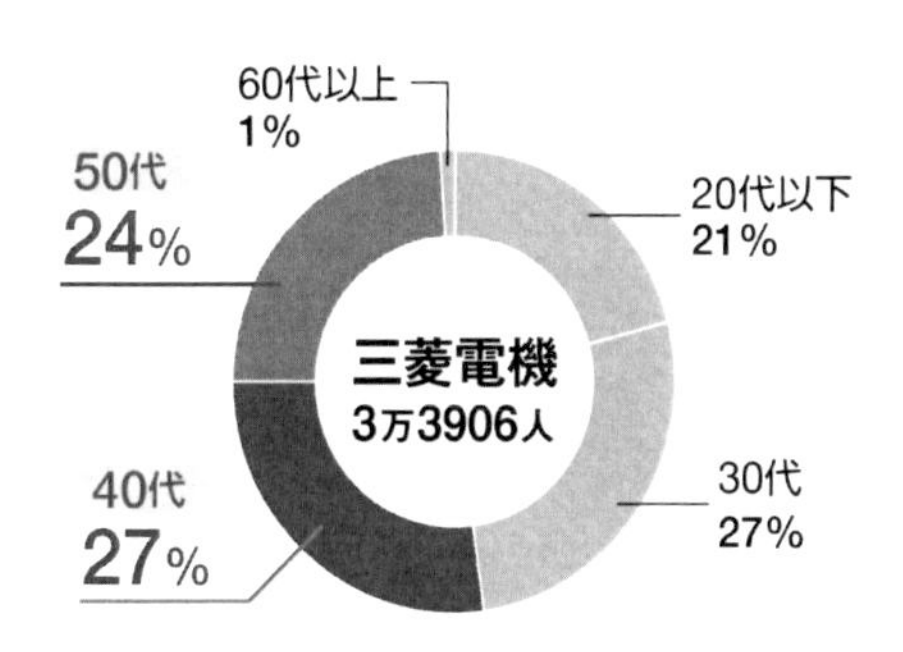

（注）社員数と年齢構成比は2020年度　（出所）『CSR企業総覧（雇用・人材活用編）』を基に東洋経済作成

東芝は２０１７年にエネルギーやインフラなど主力事業を分社化した。分社化前の１６年度も４０～５０代が６４％で、若手が少ないという基本構図は変わっていない。当時は４０代の構成比が高かったが、その層が今は５０代にシフトしたようだ。

調査数字をさらにさかのぼると、東芝、三菱電機とも２０００年代半ばから４０～５０代が過半を占めるようになった。だが三菱電機では４０～５０代の比率が５１％前後を維持しているのに対し、東芝は６０％台まで上昇した。

２０１５年に不正会計が発覚して東芝の経営が混乱していく中、今の３０代に当たる社員の多くが会社を去ったとみられ、それ以降、４０～５０代の比率が上昇している。

２０代の現役社員は不安交じりに、「私の部署でも３０代の社員は確かに少ない。３０代で課長クラスになるような人は、何でもこなせる人として頼られる一方で業務量が多く忙しい。そんな先輩たちを見ていると、自分もあんなふうになるのかと若干気になる。ただ、下の世代が今後どれだけ会社に入ってくるかにもよるので、何とも言えない」と話す。

ところが、そうして期待を寄せる新卒者の採用にも異常の兆しがある。

採用現場の嘆き

「若手は本当に採れない。そもそもうちに来てくれる人は、日立製作所や三菱電機の入社試験で落とされているケースが多い。分社化したことで採用現場も大変になった。事業子会社で欲しいのは、基本的に技術がわかる人なのに、応募者の大半は文系学生なんてこともあった。ただでさえ欲しい人材を採れないのに一段と非効率になっている」（東芝の中核子会社のベテラン社員）。

直近3年で、東芝本体と中核子会社4社は毎年350人超の新卒者を採用してきた。2023年春入社見込みの新卒者採用は久々の400人台を計画している。だが、現場から聞こえてくるのはまさに嘆きの声だ。

学生を送り出す側の大学サイドからも、東芝に対する関心の低下がうかがえる。

ある有名国立大学の理系学部で就職活動の支援を行っている教授は、「そもそも東芝はいま新卒学生を採用しているんですか?」と口にするほどだ。「ＣＭＯＳ(相補型金属酸化膜半導体)イメージセンサー」関連で学生をかき集めているソニーグループなどに比べると、どうしても影の薄い存在になっているという。

教育情報サービスの大学通信は、全国の大学の企業別就職者数を調べている。その調査結果を基に、東芝と日立における過去１０年の大学別就職者数をランキングしたのが次表だ。

上位大学は東芝と日立で奪い合う構図

—直近10年累計の大学別就職者数—

	東芝			日立製作所	
1	早稲田大学	197	1	早稲田大学	482
2	東京大学	171	2	東京大学	425
3	大阪大学	168	3	慶応大学	335
4	東北大学	165	4	大阪大学	273
5	慶応大学	164	5	東京工業大学	255
6	東京工業大学	139	6	北海道大学	222
7	京都大学	96	7	東京理科大学	219
8	九州大学	90	8	東北大学	211
9	北海道大学	76	9	京都大学	169
10	立命館大学	65	10	名古屋大学	142
11	名古屋大学	60	11	九州工業大学	135
〃	同志社大学	60	12	立命館大学	132
13	筑波大学	57	13	明治大学	127
14	法政大学	56	14	千葉大学	123
15	日本大学	50	15	九州大学	118
16	東京理科大学	47	16	電気通信大学	113
17	電気通信大学	46	17	神戸大学	110
18	中央大学	45	18	筑波大学	108
19	神戸大学	43	19	同志社大学	101
〃	上智大学	43	20	上智大学	95
21	熊本大学	42	21	青山学院大学	64
22	明治大学	41	22	中央大学	60
23	東京農工大学	38	23	一橋大学	58
24	九州工業大学	33	24	東京農工大学	54
25	千葉大学	30	25	工学院大学	53
〃	広島大学	30			
〃	青山学院大学	30			

(注)各大学に企業別就職者数を調査。2012〜21年の就職者数を合算した
(出所)大学通信の調査データを基に東洋経済作成

東芝、日立とともにランキング上位には早稲田大学、東京大学、大阪大学、慶応大学と似たような顔ぶれが並ぶ。これでは奪い合いになるのは必至だ。

加えて、理系学生の就職先の志向が変わってきている。前出の国立大学教授は、「日立やキヤノン、ソニーといったメーカーよりも、ソフトバンクやコンサルティング会社へ就職する学生が増えている」と話す。ベンチャー企業に飛び込む学生も少なくないという。

このような中、東芝の島田太郎社長は、30代を中心とする中間層に権限を与える社内大改革案を練っている。「東芝の社員はもともと優秀。出身大学も立派だし、頭もいい。だが、『失敗してはいけない』という意識が強く、会社の動きを鈍くしている」(島田社長)。

発想が柔らかく、気力も充実している中間層に決定権限を委譲することで、変革の背中を押そうというわけだ。しかし冒頭の元社員は、「よく言えば若手に仕事を任せる。悪く言えばぶん投げて『あとは頑張れ』。組織的なフォローが欠けているのが東芝の社風だった」と振り返る。

社風は、一朝一夕に変えられるものではない。島田社長による社内組織の大改革は、「仏造って魂入れず」となる懸念が拭えない。

（緒方欽一）

【誌上座談会】現役社員たちが明かす

東芝　社内のリアル

経営混乱の続く東芝で事業の継続を支えているのは、社員たちだ。社員の目に経営陣や社内の現状はどう映っているのか。揺れ動く東芝。社員が現状をあけすけに語る。

(個別取材を基に座談会形式で構成)

【Aさん】20代男性・営業職
【Bさん】20代女性・営業職
【Cさん】30代男性・営業職
【Dさん】50代男性・企画部門

――会社分割案を出したり株式非公開化を検討したりと、東芝の経営方針は目まぐるしく変わります。社内はどのような雰囲気ですか。

【Aさん】僕はまだ入社して2年程度なので詳しくないのですが、てんやわんやしている様子はありません。会社分割案が検討されていた頃に、「分割されたら社名はどうなるんだろうね」と言っていた程度。何しろ不正会計が発覚したのは7年も前。で、それから経営混乱がずっと続いていますから。先輩たちはみんな「もう慣れている」と言っています。

【Bさん】私も若手なので、経営に関する話は直接聞こえてきませんが、40～50代の部長クラスの人たちは情報交換しているみたいですね。6月の株主総会後、「総会の話をしようや」と飲み会を開いていましたし。50代後半の人たちは、「東芝機械ココム違反事件」（旧ソ連に工作機械を輸出し1980年代後半に政治問題化）でも経営危機を経験していますから、「20～30年周期で会社が潰れそうになる波が来る」と言っています。

【Cさん】自分も30代やし、さすがにココム事件は知らへん（笑）。機器販売で海外赴任をした経験を踏まえて言わしてもらうと、非公開化は海外事業にマイナス影響が出る気がするなぁ。東芝は海外での知名度がそこまで高くないから、現地スタッフの雇用でもライバル企業に負けてたんよ。非公開化でさらにブランド力が弱まるのと違いますか。

【Dさん】みんな若いから、俺がいちばん会社のことを知っているかもなぁ。口に出さずとも多くの社員が気にしているのは、事業が再び切り売りされるかどうか。俺んところのインフラ事業は、上下水道設備やビル向けの受変電システムなどを提供している。こうしたインフラ事業は、安定しているけれど大きな成長は期待できないから、ファンドにしてみれば換金のために切り売りしやすいよなぁ。

――綱川智氏（現・特別顧問）に代わって3月に新社長となった島田太郎氏を、どうみていますか。

【Aさん】僕は、島田さんに代わって社長という存在を身近に感じています。経営に関する事柄もメールなどを通じて社員に説明していますし、社内SNSでの投稿もまめで、積極的に社員と関わろうとしている感じ。社長がテレビに出た際には、社内SNSで社員からの感想を募っていました。それに対して綱川さんは、「株主のほうばかりを見ていた」という印象でした。

【Dさん】おいおい大丈夫か。君は若いからかもしれんが、島田さんを過大評価しているんじゃないか。島田さんはうちに来てまだ3年ほどで、東芝のビジネス全体をわかっていないぞ。島田さんの出した新経営方針も「ばら色の未来」。データを活用して稼ぐというが、顧客企業だってデータを囲い込んでサービスに活用しようとしている。東芝の入り込む余地がどれだけあるのか甚だ疑問だぞ。

【Bさん】確かに新経営方針は、私にとってまさしく「遠雷」でした。ネット上ではなく現実世界でさまざまなデータを収集するためには、データが収集できる製品を作り込んでおく必要があるはず。そうなると頑張らなくてはいけないのは製品の上流部分を担当する人たちです。しかし私のような営業職だと関わりたくても関われません。

【Cさん】実は社内で次期社長と目されていたんは島田さんやない。当時副社長だった畠澤守さんやったんや。彼は原子力などエネルギー事業のたたき上げ。赤字プロジェクトの収益改善といった「火消し仕事」でも、きちんと評価してくれて人望が厚かった。でも、取締役に初めて選任された2021年の株主総会で、株主の賛成率が66%と低かった。それで社長になる芽がなくなったと言われとるんよ。

――島田社長同様に外部出身社長だった車谷暢昭氏はどうでした?

【Bさん】CさんやDさんに怒られてしまうかもしれませんが、車谷さんは東芝の「ウミ出し」をきっちり行った社長だったと思っています。でも、みんな嫌いって言っていますよね。事業売却のあおりで泣く泣くほかへと異動になった人も多かったようですし、交際費の申請が厳しくなったとぼやいている先輩たちも身近にいます。

【Dさん】そもそも非公開化構想は、社長だった車谷さんとファンド株主との対立が鮮明になってから唐突に出てきたもの。だから、非公開化で口うるさいファンド株主を追い出して、社長の座を守ろうとしているようにしか、俺たちの目には映らなかったよな。それより前の社長就任時に非公開化構想に言及していれば、ここまで嫌われることもなかったかもしれんな。

最近は「出戻り」の流れも

――2015年の不正会計発覚後の混乱で東芝を去った社員も少なくないと思います。

【Bさん】私の部署は違うけれど、「おじさんと20代」という編成になっている部署が多いと感じます。それと、先輩たちは若手の転職に理解を示していて、「やりたいことがあるなら動けばいい」とよく言われます。もしかすると、去った人を多く見てきたから達観しているのかもしれません。

【Aさん】一連の騒動で、現在30~35歳になる世代が相当数いなくなりました。コンサルティング会社などに転職していったと僕は聞いています。一方で最近は、転職した人たちが「やっぱり東芝がいい」と戻ってくる流れもあります。会社としてもそういう人たちの「カムバック採用」に力を入れているようです。

【Dさん】確かに30代、とくに技術者がかなり辞めていった。だから今になって、人手の足りない部署が辞めた連中に声をかけているんだ。出戻りを受け入れるカムバック採用は、もともと育児や家族の転勤などの事情で辞めた人向けに設けられたんだが、拡大解釈する形で出戻りも受け入れているんだ。

ただ、希望退職に応募して退職金をもらった人は出戻っても同じ待遇にはならず、関連会社に飛ばされると聞いているよ。普通に辞めた人だったら、以前と同じ職場に戻ることができるそうだ。当たり前だけれど、同じ出戻りでも露骨に差をつけているんだな。

――今後もこのまま東芝で働き続けますか。

【Aさん】 僕は正直、今の待遇はいいと思います。個人的にはこう安定した会社はほかにないとも考えます。インフラで社会を支える会社に勤めたいという入社時の思いにも変わりはありません。辞めるときは仕事に飽きたときですかね。

【Dさん】 俺も間もなくだが55歳になると役職定年で給料は現状の3分の2くらいに減ってしまう。しかし、同じ職種で働けるので、そのまま頑張ろうかと思っている。かつては関連会社に移籍する道があったが、その数も減っているしな。

【Bさん】 私を含めて20代の若手たちは、「まだ若いからいつでも逃げられる」と静観している人がほとんどです。今後も不安定な状態が続くのなら、どこかで見切りをつければいいと思っています。

【Cさん】 自分もこのまま勤める考え。今の30代は会社に見切りをつけるタイミングがこれまでにもあった。それでも東芝に残っとる者は、会社に愛着があるか、転職できないか、動くことがめんどくさいかのいずれか。

転職するにしても大変。同じような製品の営業経験しかないと、転職エージェントに登録しても東芝と似たようなメーカーしか紹介してくれへん。うちのようなメーカーの営業先は工場。工場との人間関係は一朝一夕にはつくれんから、苦労する。非公開化となるのか、他社に切り売りされるのかはわからんが、流れに身を任せる。

（吉野月華、緒方欽一）

日立に負けず劣らず

1・2万人社員の最新懐事情

年間報酬が1億円を超えた東芝役員は2021年度で13人――。役員報酬でいわゆる「1億円プレーヤー」となった取締役や執行役の数は、20年度の1人から一気に増えた。東芝の株価の上昇が業績連動部分に反映されたとはいえ、18人の日立製作所と遜色ないことに驚きだ。

東芝の綱川智前社長と日立の東原敏昭会長の報酬はともに約5億円だが、綱川氏が1500万円ほど上回る。22年3月から東芝トップとなった島田太郎社長も、2月まで社長を務めていた東芝デジタルソリューションズの報酬だけで1億円。これに東芝執行役としての報酬を足した1・9億円は、日立の副社長クラスと肩を並べる。

実は社員の給与も日立に負けず劣らず。東芝社員の平均年収は892万円で、日立の896万円との差はわずか。平均年齢や残業時間の差を考慮する必要はありそうだが、この3年で日立の平均年収に東芝が追いついてきた格好だ。

東洋経済が上場企業に行っているアンケート調査の結果では、30歳の平均月給は東芝と三菱電機がほぼ同額で32万円。残業代を加えるとおおむね40万円になる。「総合商社の友人は倍くらいの額をもらっているが、メーカーとしてはそれなりにいい水準。給与に不満を持っている人は、自分の周囲にはいない」（東芝30代社員）。平均給与の比較からは、そのような言葉にもうなずける。

年に2回支給されるボーナスも、「会社の業績に連動してしっかり出ている」（20代社員）という。

東芝のボーナスは、2020年度から導入された役割等級に応じた役割給が基本部分となる。管理職ではない労働組合員は、「S1」から「S4」の4段階で役割等級がつく。入社時は高卒がS4、大卒がS3から始まり、入社4～5年目でS2に上がるのが一般的。係長相当の主任・主務になるとS1になる。

役割給で計算される基本部分に、「業績加算」と「個人加算」の2つが上乗せされる。このうち業績加算は、22年7月に支給されたボーナスだと21年度の会社業績に応じた額となっている。具体的にはいくらだったのか。

東芝の主要事業を担う中核4子会社のS1社員でみると、業績加算分として上乗せされた額は、東芝エネルギーシステムズ、東芝インフラシステムズ、東芝デジタルソリューションズの3社が約38万円。対して東芝デバイス&ストレージは約36万円だった。

21年度は1億円プレーヤーとなった4社社長の役員報酬にも、会社業績で差が出ている。東芝デバイス&ストレージの社長は業績評価分が少し低かった。

伝説の最高ランク評価

もう1つの個人加算は、「R0」から「R8」までの9段階で評価される。社員によるとR2かR3が通常の評価。社内で業務表彰されるくらいに頑張れば、R4やR

5に評価されるという。

S1社員の場合、加算額はR3で20・9万円。そこから1つ評価が上がるごとに約8万円ずつ上がり、R5だと37・4万円だ。業績加算と合わせると70万円近くが基本部分に上乗せされる計算だ。

最高ランクのR8になると62・2万円が上乗せされるが、「評価された人の話を聞いたことがない」(30代社員)という。ただ現在の9段階に評価が変わる前の話だが、「最高ランク評価を取ったのでは」と社内で話題になった伝説的人物が1人いるそうだ。その人物は福島第一原子力発電所に向かい事故対応に協力した社員。「そのレベルの功績でないと最高ランクの評価は得られない」と、社内ではまことしやかにささやかれている。

また最近は、法令順守の度合いで足し引きされる非財務評価がボーナスの査定基準に盛り込まれたといわれる。一般社員向けの説明資料には記載されていないが、残業時間の多さなどで部署ごとに評価がつけられ、それが業績加算や個人加算の部分に反映されているようだ。

給与と同様に気になるのが福利厚生だろう。東芝社員には自社で製品を製造しているメーカーならではの恩恵がある。家電製品などの購入にも使える自社ポイントだ。

7００ポイントが毎年4月に付与される。「ＴＢＬＳショッピング」というグループ従業員向けのウェブサイトでの買い物に、1ポイント＝1００円換算で利用できる。東芝ブランドの家電製品のほか、今の季節だとシャインマスカットや白桃などの食品も売れ筋だ。使い残したポイントは、上限4０００ポイントまで持ち越せて、自己啓発費用や育児・教育関連費用にも利用できる。

一方で不満の声が大きいのが家賃補助手当。単身世帯だと都内居住でさえ月1万7０００円程度で、家庭持ちでも数万円だという。「グループ社員が約12万人もいるので仕方ないとは思いつつ、補助が少ない」というのが社員の本音だ。

（緒方欽一）

従業員持ち株会は今がお得

「会社の株価の上昇には社員も関心がある。大きな声では言えないが、『持ち株会』をやっている人はいい思いをしているはず。自分も積極的に買っている」。東芝の若手社員は、声を潜めながらそう語る。

この社員の言う「持ち株会」とは東芝持株会のことだ。給与や賞与からの天引きで一定額を持ち株会に拠出することにより、東芝株を購入・保有できる。

社員が拠出した額の10％を会社が「奨励金」として上乗せしてくれる。給与から月1万円を拠出する場合、奨励金と合わせて1万1000円分の株を買える。奨励金の上限は、給与からの拠出に対して月5000円だ。

東芝は現在、株式非公開化を含めて新たな資本戦略を検討している。非公開化の過程ではファンドが東芝株を買い取るため、その期待を織り込み株価は上昇トレンドにある。

　持ち株会に投じられた社員のお金も増えているのだろうか。給与から月1万円を拠出しているとの前提で、2022年7月末時点での株式評価額を計算した。

　株価が今の2倍の1万円超だった2000年4月から拠出を始めていても、評価額はこれまで出した額の1・6倍になっている。不正会計が発覚した2015年4月から始めた場合だと、割安な株価で購入できたことになり、足元の評価額は拠出額の2倍近くだ。

　21年4月に始めた場合でも、25万円の拠出に対し6万円の含み益が出ている。ベテランから若手まで、多くの社員が株高の恩恵を受けているのではないか。


（吉野月華）

遠く離れた日立の背中

1875年創業の東芝、そして1910年創業の日立製作所。いずれも電機業界のみならず、日本経済全体の成長を支えた超名門企業として、しのぎを削ってきた長年のライバルだ。

ところが今、その明暗はくっきりと分かれている。日立の時価総額は6・4兆円。対する東芝は2・3兆円と、実に4兆円もの差が生じているのだ。

どこで、それだけの差がついてしまったのか。東芝のベテラン社員はきっぱりと言う。「ターニングポイントは2008年。日立は損失処理でウミを出し切った一方、東芝は目をそらし中途半端にしてしまった。東芝は今なお、その頃のツケを払い続けている」と。

リーマンショックの起きた2008年度。日立は国内製造業として過去最大級の7873億円という大赤字を出したが、減損処理すべき事業資産をすべて見直した。同時に思い切った改革に踏み切る。ITと社会インフラの領域に経営資源を集中することにし、それらと関連の薄い事業の売却や不採算事業からの撤退を一気に推し進めた。足元ではその再編をおおむね終え、2016年に成長戦略の柱として掲げた「ルマーダ」を軸に、データを活用したビジネスへと舵を切る。

一方の東芝は、2008年度に3435億円の赤字を計上したものの、事業の採算性を見直すなど本質的な課題から目を背けた。その後無理に数字を追いかけて、不正会計に手を染める。「2008年にウミを出し切り抜本的な改革を進めていれば、その後続くさまざまな問題に余裕を持って対応できたはずなのに」。前出のベテラン社員は嘆く。

結局東芝は、買収した米原発大手・ウエスチングハウスの経営破綻で2017年3月期末に債務超過に転落。債務超過解消や上場維持のために、医療機器やメモリー半導体といった成長性の高い事業を手放すことになり、終わりのない事業売却の「沼」にはまり込んだ。戦略的な再編を進め、前を向いて進む日立とは、あまりに対照的だ。

言われたままに従う

「社員の質や事業において、東芝と日立にそんなに大きな差はなかった。ただ一つ大きく違ったのは文化だ」。2015年の不正会計発覚当時を知る東芝OBはそう指摘する。

このOBいわく、顧客に無理難題を押し付けられても文句を言わず、言われたままに従うのが東芝。それに対して日立は、顧客相手でも「できないことはできない」とはっきり意見するという。

東芝の現在の経営姿勢にも、この文化が影を落としているようだ。顧客、株主、従業員、政府などさまざまなステークホルダーの要求に流されるまま、経営は無理を続け漂流状態に陥った。

その結果、メーカーの強さの源泉である「技術」も、その歩みを止めてしまったかに見える。次表は、東芝が世界や日本で初めて開発した製品群だ。これだけ多くの製品を生み出してきたにもかかわらず、２０１３年を最後に新たな技術を活用した製品の発表はない。

2013年以降は歩みが止まったかに見える

―東芝の「日本初」「世界初」の製品―

年	概要	日本初 ○	世界初 🌐
1890	炭素電球を製造	●	
94	水車発電機（60kW）を製作	●	
95	誘導電動機（モーター）を製作	●	
1915	X線管を製造	●	
21	二重コイル電球を発明		🌐
23	40トン直流電気機関車を製造	●	
24	ラジオ受信機を製造販売	●	
30	電気洗濯機、電気冷蔵庫を完成、発表	●	
31	電気掃除機を発売	●	
40	蛍光ランプを製作	●	
42	レーダーを完成	●	
49	発電用ガスタービンを完成	●	
52	テレビ放送機、テレビ中継マイクロウェーブ装置を完成	●	
55	自動式電気釜を発売	●	
59	電子レンジを発売	●	
60	カラーテレビを開発	●	
63	1万2500kW原子力用タービン発電機を完成	●	
67	大容量静止型無停電電源装置を実用化		🌐
	郵便物自動処理装置を完成		🌐
72	ブラックストライプ式ブラウン管カラーテレビを発売		🌐
76	自動車エンジン電子制御マイコンを開発		🌐
78	日本語ワードプロセッサーを製品化	●	
	全身用X線CT装置を開発	●	
79	光ディスク方式画像情報ファイル装置を完成		🌐
80	電球形蛍光ランプを発売		🌐
81	家庭用インバーターエアコンを開発		🌐
82	MRI装置を開発	●	
85	ノンラッチアップIGBTを製品化		🌐
	1メガビットDRAMを開発	●	
	ラップトップPCを発売		🌐
89	超々臨界圧大容量蒸気タービンを開発		🌐
91	4メガビットNAND型EEPROMを開発		🌐
96	DVDプレーヤーを発売		🌐
	改良型沸騰水型原子炉の営業運転を開始		🌐
98	MPEG4画像圧縮伸長LSIを開発		🌐
2001	HDD&DVDビデオレコーダーを商品化		🌐
10	専用メガネなし3D液晶テレビを商品化		🌐
13	医療用裸眼3Dディスプレーを商品化		🌐

（出所）会社資料を基に東洋経済作成

２０１８年に東芝に入社した島田太郎社長は、同社の文化に染まっていない。それだけに、「何かを変えてくれるのではないか」（ＯＢ）と期待の声も聞こえてくる。

だが、たとえ株式非公開化が実現し、口うるさいアクティビストが去っても、スポンサーや政府といったステークホルダーの要求は続く。島田社長が信念を貫けず、要求に流され、右往左往すれば、ライバルとの距離を縮めるどころか、東芝はいつまでも深い沼から抜け出せないだろう。

（藤原宏成）

【週刊東洋経済】

本書は、東洋経済新報社『週刊東洋経済』2022年8月27日号より抜粋、加筆修正のうえ制作しています。この記事が完全収録された底本をはじめ、雑誌バックナンバーは小社ホームページからもお求めいただけます。

小社では、『週刊東洋経済 eビジネス新書』シリーズをはじめ、このほかにも多数の電子書籍ラインナップをそろえております。ぜひストアにて「東洋経済」で検索してみてください。

『週刊東洋経済 eビジネス新書』シリーズ

No.405 学び直しの「近現代史」
No.406 電池 世界争奪戦
No.407 定年格差 シニアの働き方
No.408 今を語る16の視点 2022

No.409　狙われる富裕層
No.410　ライフシフト超入門
No.411　企業価値の新常識
No.412　暗号資産&ＮＦＴ
No.413　ゼネコン激動期
No.414　病院サバイバル
No.415　生保　最新事情
No.416　Ｍ&Ａマフィア
No.417　工場が消える
No.418　経済超入門　２０２２
No.419　東証　沈没
No.420　テクノロジーの未来地図
No.421　年金の新常識
No.422　先を知るための読書案内

No.423　欧州動乱史
No.424　物流ドライバーが消える日
No.425　エネルギー戦争
No.426　瀬戸際の地銀
No.427　不動産争奪戦
No.428　インフレ時代の資産運用&防衛術
No.429　人口減サバイバル
No.430　自衛隊は日本を守れるか
No.431　教員不足の深層
No.432　ニッポンのSDGs&ESG
No.433　独走トヨタ　迫る試練
No.434　変わる相続・贈与の節税

週刊東洋経済eビジネス新書　No.435
東芝の末路

【本誌（底本）】
編集局　藤原宏成、緒方欽一
デザイン　伊藤佳奈、杉山未記、熊谷真美
進行管理　三隅多香子
発行日　2022年8月27日

【電子版】
編集制作　塚田由紀夫、長谷川　隆
デザイン　市川和代
表紙写真　梅谷秀司
制作協力　丸井工文社

発行日　2023年9月21日　Ver.1
発行所　〒103-8345
東京都中央区日本橋本石町1-2-1
東洋経済新報社
電話　東洋経済カスタマーセンター
03（6386）1040
https://toyokeizai.net/
発行人　田北浩章

電子書籍化に際しては、仕様上の都合などにより適宜編集を加えています。登場人物に関する情報、価格、為替レートなどは、特に記載のない限り底本編集当時のものです。一部の漢字を簡易慣用字体やかなで表記している場合があります。本書は縦書きでレイアウトしています。ご覧になる機種により表示に差が生

※本刊行物は、電子書籍版に基づいてプリントオンデマンド版として作成されたものです。